长江设计文库

大型无压引调水工程的
输水能力关键问题
研究及实践

吴永妍　王　磊等◎著

长江出版社
CHANGJIANG PRESS

图书在版编目（CIP）数据

大型无压引调水工程的输水能力关键问题研究及实践 /
吴永妍等著. -- 武汉：长江出版社，2024. 9.

ISBN 978-7-5492-9801-3

Ⅰ. TV6

中国国家版本馆 CIP 数据核字第 2024E6X106 号

大型无压引调水工程的输水能力关键问题研究及实践

DAXINGWUYAYINDIAOSHUIGONGCHENGDESHUSHUINENGLIGUANJIANWENTIYANJIUJISHIJIAN

吴永妍 等著

责任编辑：	郭利娜	
装帧设计：	郑泽芒	
出版发行：	长江出版社	
地　　址：	武汉市江岸区解放大道 1863 号	
邮　　编：	430010	
网　　址：	https://www.cjpress.cn	
电　　话：	027-82926557（总编室）	
	027-82926806（市场营销部）	
经　　销：	各地新华书店	
印　　刷：	武汉新鸿业印务有限公司	
规　　格：	787mm×1092mm	
开　　本：	16	
印　　张：	10.75	
字　　数：	260 千字	
版　　次：	2024 年 9 月第 1 版	
印　　次：	2025 年 2 月第 1 次	
书　　号：	ISBN 978-7-5492-9801-3	
定　　价：	98.00 元	

　　重大引调水工程是国家水网的重要组成部分,在优化我国水资源配置,支撑国家和区域经济社会高质量发展和生态文明建设方面发挥了重要作用。例如,南水北调工程通水运行 10 周年以来,累计调水超过 767 亿 m³,为沿线 45 座大中城市、1.85 亿人提供稳定优质水源,有力改善了北方地区特别是黄淮海地区的水资源条件和水资源的承载能力,助力京津冀协同发展、雄安新区建设等重大国家战略的实施。

　　引调水工程输水能力是保障工程向用户供水的基础,是制约工程综合效益充分发挥的重要因素之一。本书以无压引调水工程为研究对象,对工程实践中常遇的输水能力制约问题进行了系统分析,并提出了针对性的应对措施。本书共分为 5 章。第 1 章为绪论,主要介绍研究背景及意义、国内外研究进展、研究内容和预期目标。第 2 章为曲形断面水流水动力性能及对输水能力影响,以马蹄形隧洞为研究对象,采用模型试验、数值仿真等手段研究马蹄形隧洞均匀流水动力性能,并分析了对输水能力观测的影响。第 3 章为明渠—隧洞过渡段输水能力提升的实践研究,选取新疆北部的某长距离调水工程为研究对象,分析了隧洞进口剧烈收缩和均缓收缩时的水流水动力性能差异,提出了输水能力提升的工程改造措施。第 4 章为明渠及渡槽输水能力提升的实践研究,选取南水北调中线一期工程为研究对象,分析了渠道和输水建筑物过流能力变化的影响因素,给出了工程局部输水能力提升改造的实践探索。第 5 章为结论与展望,系统总结了本书的研究成果,提出了未来重点研究的若干问题。

本书由吴永妍、王磊主编。第 1 章由吴永妍、王磊撰写,第 2 章、第 3 章由吴永妍撰写,第 4 章由吴永妍、王磊、冯志勇、黄明海撰写,第 5 章由吴永妍、王磊撰写。研究过程中得到陈永灿、刘昭伟、黄会勇等专家的悉心指导,获得长江勘测规划设计研究有限责任公司科研项目(CX2022Z02-3)等的支持。长江出版社对此书的出版付出了大量的心血,在此一并表示感谢!

由于作者时间和水平有限,书中难免存在疏漏和不足之处,欢迎广大读者批评指正。

作　者
2025 年 1 月

目　录
CONTENTS

1　绪　论

1.1　研究背景与主要内容

1.1.1　背景及意义

加快构建国家水网,为全面建设社会主义现代化国家提供有力的水安全保障,是党中央作出的重大战略部署。2023 年 5 月,中共中央、国务院印发《国家水网建设规划纲要》,明确提出实施重大引调水工程建设,加快形成战略性输水通道,优化水资源宏观配置格局。习近平总书记关于治水的重要论述中,强调要充分发挥已建重大调水工程综合效益。水利部印发的《2024 年调水管理工作要点》等指导文件中均提出要稳步推动已建调水工程提质增效,推动已建调水工程更好发挥“存量”效益。

经过长期建设,我国已建成一批重大引调水工程,如南水北调东中线一期工程、引滦入津工程、引黄济青工程、引黄入晋工程、东深供水工程、引大入秦工程、大伙房输水工程等,在解决水资源供需矛盾等方面发挥着重大作用,支撑了国家和区域经济社会高质量发展和生态文明建设,产生了巨大的社会效益、生态效益和经济效益(高媛媛等,2018;何君等,2023)。据统计,截至 2023 年底,全国已建、在建的大中型引调水工程共 243 项,设计年调水能力达 1842 亿 m^3。

根据全国已建、在建大中型调水工程台账,近一半的已建大型引调水工程最大实际调水量与设计调水能力相比不足 80%,工程效益未得到充分发挥。其中,工程能力发挥存在短板问题是重要因素之一。

在工程安全的前提下,影响工程能力发挥的主要问题之一在于输水能力制约,通常出现在无压引调水工程中。因此,本书聚焦大型无压引调水工程,通过理论创新和实践探索相结合的方式对工程输水能力的关键问题开展研究(图 1.1-1)。

图 1.1-1　国内大中型引调水工程示意图(部分)

1.1.2　目标与内容

调水工程是为满足缺水地区生活、生产和生态用水需求,而兴建的跨流域、跨区域进行水资源优化配置的水利工程(《调水工程设计导则》,2024)。引水工程是指从河流、湖泊中自流引水的工程(《水工设计手册·第 2 版》,2014)。全国水利工程普查中是将引调水工程作为一类进行统计,因此,本书中将引调水工程作为整体进行研究。书中的输水能力指工程安全运行前提下的最大可过流流量。

本书紧密围绕大型无压引调水工程输水能力的工程实践问题,通过对输水能力制约的关键部位分析、重点区域的水流水动力特性研究及对输水能力影响分析、输水能力制约的成因分析及提升措施研究等,提出工程输水能力保障的综合应对措施。

大型无压引调水工程的输水工程通常由渠道、渡槽、隧洞、倒虹吸等多种建筑物形式组成。其中,渠道多以梯形明渠为主,渡槽一般为矩形断面,隧洞多为马蹄形、城门洞形和圆形,不同断面形式以过渡段连接。工程实践表明,输水能力问题通常发生在输水建筑物进出口过渡段处。例如,引额济克工程大流量运行时,因西干渠 4#、5# 隧洞进口局部封顶、洞前水面波动大而无法达到设计过流能力(李鹤,2016);引洮供水工程因 1# 隧洞及其进口段超高限制,整个渠道无法加大流量运行(徐自立等,

2009);南水北调中线一期工程部分建筑物进出口水面波动较大,导致建筑物无法达到最大过流能力(卢明龙等,2023)。这主要是工程设计时忽略了不同过渡段对水流结构的影响,没有考虑隧洞、渡槽等建筑物进口附近可能出现的不良流态,对各种形式的建筑物输水能力均采用均匀流曼宁公式计算,将所有导致流动阻力的因素囊括在曼宁系数中。而实际上,曲形输水建筑物及其进口过渡段内水面变化、流速分布规律和局部阻力特性等受侧壁变化和自由水面影响而十分复杂,直接移用矩形或梯形明渠均匀流相关结论失之偏颇,会造成输水能力的计算观测结果失真。目前,行业内关于梯形明渠输水的水流水动力特性研究相对成熟,而对无压输水隧洞及过渡段的水动力性能研究较少。鉴于此,本书的主要内容包括三大部分:①曲形无压输水隧洞内水动力性能及其对输水能力影响分析;②无压输水隧洞进口过渡段输水能力制约分析及提升措施研究;③其他过渡段输水能力制约分析及提升措施研究。

通过以上三大部分内容研究,揭示大型无压引调水工程输水能力变化原因,提出工程输水能力提升路径,提高已建调水工程效益和输水能力监测水平,同时指导后续调水工程规划设计。

1.2 国内外研究现状

1.2.1 无压引调水工程输水能力研究

1.2.1.1 明渠输水能力计算

明渠输水能力确定的关键在于测量计算最大可过流流量。明渠流量计算方法有很多种,如经验公式法、水位—流量关系法、特征点法、表面流速法、数值计算法等。实际使用时可根据工程条件、精度要求和可获取资料选取不同方法。

(1)经验公式法

经验公式法的原理是明渠均匀流基本公式,最常用的是曼宁公式:

$$Q = \frac{K_n}{n} R^{2/3} \sqrt{i} \qquad (1\text{-}1)$$

式中,$K_n = 1$(国际单位制);

R——水力半径;

i——水面坡度;

n——曼宁系数。

曼宁系数综合反映了渠道壁面粗糙程度、断面不规则程度和其他均匀流公式未能反映的参数的影响。在没有进行率定测量时,曼宁系数可根据渠道壁面材料、底部不规则程度、断面形态和渠道走向等,查阅相关资料或手册选择建议值(Jarrett, 1985;Arcement 等,1989)。

曼宁公式因其使用简单方便而受到广泛应用。但实际工程运行中,曼宁系数还受运行条件影响,并不是一个常数。比如,矩形明渠中水深越浅、宽深比越大时,曼宁系数越大,渠道过流能力越低(何建京,2003;杨岑,2010);圆形无压隧洞中曼宁系数随着充满度呈非线性变化(Enfinger 和 Schutzbach,2005)。曼宁系数选择的经验性较大,在工程设计和流量估算时,将曼宁系数当作一个常数,可能导致流量计算结果产生较大误差;为了剔除曼宁系数的不确定性影响,Riggs(1976)根据统计资料,发现曼宁系数与水面坡度有关,据此建立了曼宁系数与水面坡度的回归方程,带入均匀流公式(1-9),得到流量与水面坡度的表达式。Dingman 和 Sharma(1997)在 Riggs (1976)研究的基础上,扩大了样本统计容量,得到流量计算相对误差更小的新的流量与水面坡度关系式。但两者模型在实际流量 $Q < 3\mathrm{m^3/s}$,弗劳德数 $Fr < 0.2$ 的低水深运行条件下,都会明显高估过流流量。因此,当实际运行监测时,最好结合流速测量确定流量。

(2)水位—流量关系法

明渠中流量与水位之间的经验或理论关系称为水位—流量关系(Braca,2008)。传统的水位—流量关系是在大量观测资料的基础上,利用数据拟合和外推的数学手段建立的。在实际使用时,现场观测水位后,根据此关系就可快速推求出流量,因此在水文观测站中被广泛应用。然而,水位—流量曲线的常规确定方法需要耗费大量的观测成本。同时,由于水位—流量关系是基于历史测量结果,实际运用时存在以下不足:①随着过程运行时间的增长,以及受冲刷、淤积等因素影响,该关系可能偏离原始观测结果;②水位—流量关系中低流量和高流量条件是通过外推得到,其准确性有待考证;③许多河道水位—流量关系呈多曲线、不连续性或绳套特征,限制了该方法的应用(Schmidt 和 Yen,2008)。

据此,不少学者开始基于理论计算推导水位—流量关系。Liao 和 Knight(2007)基于二维深度平均 RANS 方程推导了顺直明渠水位—流量解析表达式,该表达式中包含局部阻力系数、无量纲化涡黏性系数和二次流参数 3 个关键参量,准确的流量预测需要对这 3 个参数做合理取值。Schmidt 和 Yen(2008)从圣维南方程出发,通过假设简化,推导了适用于近似矩形断面明渠恒定流的水位—流量关系。该方法使用时需要借助一个参考测面的水位—流量关系及弗劳德数—水位关系,在低流量条件下预测精度较低。门玉丽等(2009)认为可以通过假设河道内水面坡降为一常量,对 Schmidt 和 Yen(2008)方法进一步简化,使实际应用时不需要额外的参考断面的实测资料。由此可见,目前关于水位—流量关系的理论推导或是涉及参数过多,参数的选取没有系统性标准;或是涉及假设和限定条件过多,限制了方法的使用。

(3)特征点法

野外观测时,在具备流速仪的条件下,可通过测量单个或几个特征点的流速,通过加权平均计算断面平均流速,再乘以过流面积,得到过流流量。特征点法可看作一种流速—面积法。常用的特征点法有单点法、两点法、三点法和五点法(张永青和周义仁,2014)。该方法的确立是基于矩形断面渠道,假设流速垂向分布服从对数分布,横向分布服从抛物线形式分布,且最大流速位于中垂线(Pelletier,1998),推求不同特征点的权重:

$$u_{av1}=u_{0.6} \tag{1-2}$$

$$u_{av2}=0.5(u_{0.2}+u_{0.8}) \tag{1-3}$$

$$u_{av3}=\frac{1}{3}(u_{0.2}+u_{0.6}+u_{0.8}) \tag{1-4}$$

$$u_{av5}=0.1(u_{0.0}+3u_{0.2}+3u_{0.6}+2u_{0.8}+u_{1.0}) \tag{1-5}$$

式中,$u_{0.6}$——相对水深为 0.6 处的流速,含其他下标的流速符号以此类推。

测点布置越多,流量测量结果准确度越高;布点越少,测量越方便快捷。在渠道自动化监测,需要固定测点或实现连续测流时,通常采用一点法(孙东坡等,2004;胡云进等,2009);野外观测时,最常采用一点法(孙东坡等,2004);Terzi(1981)研究认为,在加拿大河道测量时,当水深大于 0.75m 时,宜采用两点法;当水深小于 0.75m 时,宜采用单点法。

然而,在实际渠道中,受二次流影响,最大流速常位于水面以下,流速分布的对数律并非在全水深范围内适用,且流速分布规律受渠道形态影响较大,特征点权重系数的推导依据不足。传统单点测量时,将测点布置在相对水深 0.6 处,是认为该点流速近似等于断面平均流速。据现有研究成果,在深窄型矩形明渠中,最大流速常位于相对水深(0.6~0.8)处;在圆形明渠中,充满度大于 50% 时,最大流速位置更低。因此,明渠断面中垂线上能代表断面平均流速的测点位置也更低,应该小于 60% 水深位置。为了提高流量计算精确度,可根据明渠流速分布规律,从两个角度对传统单点法进行优化:改变测点位置或将相对水深为 0.6 处测点流速乘以修正系数,得到断面平均流速。孙东坡等(2004)通过收集前人实测资料,认为当矩形明渠宽深比小于 5 时,将测点布置在相对水深 0.4 处更接近中垂线上平均流速,当宽深比大于 5 时,可将 $u_{0.4}$ 乘以修正系数,得到中垂线平均流速;然后再将中垂线上平均流速乘以与宽深比相关的一修正系数,得到断面平均流速。Maghrebi(2006)、Maghrebi 等(2006)提出在测量渠道任一点流速后,利用渠道断面 u/u_{av} 等值线图(图 1.2-1),根据 $Q=Au_i/c_i$ 计算渠道过流流量,其中 A 为过流面积,u_i 表示测点流速,c_i 为该点在 u/u_{av} 等值线图中所处的量级值。Chen&Chiu(2002)将断面最大流速所在位置作为特征测点,基于根据最大熵理论建立的流速分布模型,估算潮汐河流中过流量。Healy&Hicks(2004)根据收集的观测数据,通过回归分析得到渠道冰期输水时,最大流速和平均流速之间的关系式及最大流速位置,将流速测点布置在最大流速处,计算得到渠道过流量。

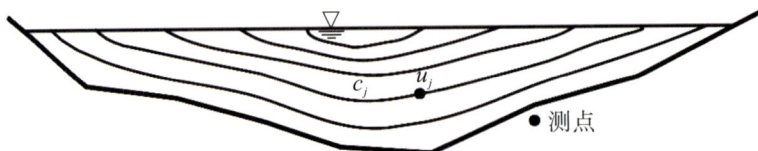

图 1.2-1 Maghrebi 等(2006)任意点法测流速

综上所述,特征点法普遍被认为比曼宁系数法估算流量更可靠,但特征点位置布置的合理性直接影响到流量测算结果。优化特征点的布置需要更精确的流速分布规律,因此有必要研究不同断面形式明渠均匀流流速分布规律,为确定特征点的位置及工程观测应用提供指导。

(4)表面流速法

表面流速法是利用表面流速与断面平均流速之间的关系,将实测的表面流速乘以表面流速系数,得到断面平均流速,再乘以过流面积得到过流量。表面流速可通过两种方式获得:在具备观测仪器的条件下,可通过各类表面流速仪测量,如电波流速仪、高频雷达探测仪、便携 LSPIV 等(Dramais 等,2011;李自立等,2013;Negishi 等,2014);在没有观测仪器的情况下,可利用漂浮物法测得(Marjang,2008)。该方法是在渠道表面放置一漂浮物,如乒乓球等,测量漂浮物通过指定距离所需要的时间,得到表面流速。表面流速法方便快捷,可随时随地展开测量。但表面流速的测量结果可能受风力干扰,Negishi 等(2014)试验表明,在顺风和逆风条件下,表面流速系数与无风条件下相比,分别偏小 4%和偏大 17%。目前已有部分流速仪可尽量减小这种干扰,如脉冲多普勒雷达流速仪可在雷达波谱中识别并剔除风的作用,只在风力很大时测量结果才会失真(Costa 等,2000)。

若排除测量因素,表面流速法误差来自表面流速系数的不确定性。传统经验值认为表面流速系数 $\alpha = 0.8 \sim 0.9$(Chow,1964),结合流速分布对数律推导取 0.85(Negishi 等,2014)。USBR(1984)以图表形式列出了表面流速系数和水深的关系,供漂浮物法测流时使用,其范围为 $0.66 \sim 0.80$。然而,在实际明渠流动中,表面流速系数还受断面形态、壁面粗糙度等因素影响,仅通过水深推查表面流速系数可能导致流量估算误差超过 20%(Marjang,2008)。Welber 等(2016)、Negishi 等(2014)在欧亚多条河流中实测认为表面流速系数取 0.85 是合理的;Coz 等(2010)在地中海某河流中观测得到表面流速系数为 0.90;Genc 等(2015)在土耳其中部某小型河流不同断面做了大量观测,认为当地表面流速系数等于 0.552。Escurra(2004)在美国犹他州洛根市 3 条灌溉渠道中测量表明,表面流速系数 $\alpha = 0.33 \sim 0.81$,且表面流速系数与水深之间没有明确的关系表达式。石欣轩(2012)指出,矩形断面形式明渠宽深比大于 10 时,表面流速系数可以取用传统经验值 0.85;渠道宽深比小于 10 时,受断面二次流影响,若表面流速系数继续采用 0.85 会低估断面流量,此时需要借助数值模拟求解流速分布才能正确推求流量。Marjang(2008)采用代数应力模型计算矩形明渠均匀流,得到宽深比 $B/h = (0.5 \sim 5)$ 时,表面流速系数 $\alpha = 0.65 \sim 0.92$,且表面流速系数与宽深比呈非线性关系。为了实用方便,部分学者利用不同流速分布理论模型计算流速分布,推求表面流速系数。如李自立等(2013)基于流速分布的对数—尾流律对表面流速系数做出修正,将表面流速系数表示为水深的函数;Bechle 和 Wu(2014)采用最大熵理论模型建立表面流速和断面平均流速之间的关系。

总之,表面流速系数的影响因素较多,实际使用时,应根据渠道断面形态、粗糙程度和水流条件选取合理数值,或者根据理论模型、数值计算推求流速分布来确定表面流速系数大小,尽量减小系数不确定性对流量计算的影响。本书中利用均匀流数值模拟结果,给出表面流速系数范围,并对该系数的确定提出建议。

(5)数值计算法

在实际渠道中,流量受很多因素影响,如渠道形态、渠道断面及粗糙度沿程均匀性、运行条件等。无论是采用曼宁公式、水位—流量曲线法,还是特征点法和表面流速法计算,都具备一定的经验性。各方法中参数取值的不确定性将给流量测算结果带来很大误差。因此,数值计算也成为工程中预估过流能力的一种常用手段。尤其当渠道中流量非恒定时,数值计算预报流量的优势更明显。

工程应用数值计算明渠过流能力时,通常是求解一维圣维南方程组或二维浅水方程。Blair(2009)采用二阶泰勒级数近似离散一维圣维南方程组,利用牛顿—辛普森法迭代求解离散方程,计算了粗糙度沿程变化的渠道在高水位条件下运行的过流量。由于不需要经过参数校正,笔者认为该方法比水位—流量法更可靠,但程序编译很费时,计算成本也更高。正因如此,不少研究者使用程序包来计算求解。谭维炎(1982)提出用程序包 MYBC 求解一维圣维南方程组,计算人工渠道或简单河道过流量。该程序包提供差分和特征线两类算法多种格式供用户选择,但模型不能考虑局部损失。朱德军等(2012)提出汉点水位预测校正法,采用 Preissmann 格式离散一维圣维南方程组,通过牛顿—辛普森法迭代求解,建立了一维非恒定水流计算的数值模型 THU-River1D。该模型通过局部损失系数计算不同渠段连接处的局部损失,用户在使用时需要手动输入合理数值。Wilson 等(2002)利用 TELEMAC-2D 模型,基于有限元求解浅水方程,比较了软件中零方程模型、Elder 一方程算法和标准 k-ε 模型 3

种紊流模型的准确性,认为在高水位运行时,3种紊流模型都能提供较高的计算精度;但在低水位运行时,零方程模型精度较低,且流量计算结果对零方程模型中参数取值很敏感。Lindner和Miller(2012)用二维非恒定流TUFLOW模型,基于有限差分求解浅水方程,计算了小型城市河流在中、高水位下运行时的过流量,与实测结果吻合良好。出于计算时间和计算机配置要求限制,明渠过流能力计算很少采用三维模型实现。

本书中将比较既定流量下,一维模型计算得到水面线与三维模型计算所得水面线差异,验证渠道一维水位计算方法对确定输水能力的合理性。

1.2.1.2 无压输水工程均匀流研究

(1)矩形明渠均匀流流速分布

矩形明渠因其断面形式构造简单是明渠研究中最多的一种形式,目前研究成果相对较完善,可作为其他断面形式明渠均匀流研究的基础。其中,流速分布是明渠均匀流研究的基本,也是流量测量计算的依据。自流速分布的对数律被提出可适用于明渠流以来,国内外学者对矩形明渠均匀流流速分布做了大量分析研究。

在描述明渠流速分布时,常将渠道沿水深方向分区,如图1.2-2所示。其中,$0<y/h<0.2$范围称为内区(inner region),该区域内流动受内部变量控制,如运动黏性系数、摩阻流速和到渠底距离。$0.2<y/h<1$范围称为外区(outer region),该区域内黏性作用可忽略,流动受外部变量控制,如水深和最大流速。

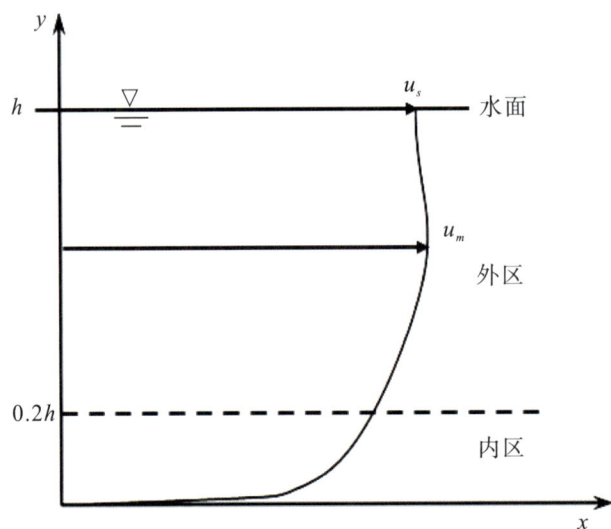

图1.2-2 明渠流速分布垂向分区示意图

在内区,靠近光滑壁面处存在很薄的黏性底层($y^+ \leqslant 5$),在该范围内流速分布呈线性分布:

$$\frac{u}{u_*} = y^+ = \frac{u_* y}{\upsilon} \tag{1-6}$$

式中，u——纵向时均流速；

u_*——摩阻流速；

y——到壁面的垂直距离；

υ——运动黏性系数。

黏性底层之外 $5 < y^+ \leqslant 30$ 范围存在过渡区，目前鲜有相关理论表达式。过渡区之外流速分布可用对数分布表达：

$$\frac{u}{u_*} = \frac{1}{\kappa}\ln(\frac{u_* y}{\upsilon}) + B \tag{1-7}$$

式中，κ——卡门常数；

B——积分常数。

卡门常数为普适常数（通常可取 0.42），而积分常数 B 的取值与边界条件有关，如壁面形态等，因此不同学者试验研究结果有所不同，如表 1.2-1 所示。

表 1.2-1 不同学者试验得到积分常数 B 值

数据来源	B
Stefler 等（1985）	5.50
Nezu 和 Rodi（1986）	5.29
Cardoso 等（1989）	5.10
Kirkgoz（1989）	5.50
Dong 和 Ding（1990）	4.90

用对数分布描述整个外区流速分布将产生偏差，Pope（2001）指出对数律的适用范围为 $y/h < 0.3$；Coleman（1981）研究认为标准的对数分布仅适用于内区，不能通过调整参数 B 使式(1-7)适用于整个过渡区以外范围。Coles（1956）提出在对数律基础上加上一项尾流函数来描述外区流速分布：

$$\frac{u}{u_*} = \frac{1}{\kappa}\ln(\frac{u_* y}{\upsilon}) + B + \frac{2\Pi}{\kappa}\sin^2(\frac{\pi}{2}\frac{y}{h}) \tag{1-8}$$

式中，Π——Coles 尾流系数。

尾流函数随 y/h 单调递增的特性使式(1-8)预测的最大流速总出现在水面。然而，深窄型明渠中，最大流速位置出现在水面以下（Stearns，1883；Muralidhar，1969；胡春宏，1985），称为 dip 现象，如图 1.2-2 所示。为描述 dip 现象，不同学者在对数律基础上引入不同修正项，提出不同的理论模型。Yang 等（2004）忽略尾流项，认为外区流速分布与对数分布的偏差和到水面的对数距离 $\ln(1-y/h)$ 呈线性关系，引入局部摩阻流速和 dip 修正参数,提出了适用于全断面流速分布计算的模型。Guo(2014)在含尾流项的对数律中加入立方项修正流速梯度,并引入与最大流速位置有关的参数修正尾流系数,得到含 dip 修正的对数—尾流律模型,并认为该模型比 Yang 等(2004)提出的模型在极限情况下更符合物理意义。Absi(2011)在 Yang 等(2004)模型的基础上考虑尾流项,得到完整的含 dip 修正的对数—尾流律模型。但该模型需要数值积分,使用起来略麻烦,Kundu 和 Ghoshal(2012)在此基础上做进一步推导,得到解析形式的含 dip 修正的对数—尾流律模型。

除了以对数律为基础的流速分布模型外,Chiu(Chiu 和 Chiou,1986;Chiu,1987,1988,1989,1991)从概率论角度考虑,利用 Shannon 熵的概念和最大熵理论分析明渠水流流速分布。通过调整熵模型参数 M,最大熵模型同样可以描述最大流速位于水面以下的现象。熵模型参数 M 可通过渠道糙率或最大流速和平均流速关系得到(Chiu,1987,1991;Marini 等,2011)。Luo 和 Singh(2011)、Cui 和 Singh(2013)、Bonakdri 和 Moazamnia(2015)利用 Tsallis 熵的概念和最大熵理论,得到不同的流速分布理论分析模型。

总体来说,矩形明渠流速分布与渠道宽深比等许多因素有关,用对数律预测整个水深范围内流速分布失之偏颇。各种修正的理论模型虽然使用简单,但都含有不同数量的经验参数。这些经验参数或是根据前人试验结果拟合而来的模型常数,或需根据试验结果适配确定,具有一定的局限性。

明渠水流中,最大流速出现在水面以下的现象由二次流导致(Cardoso 等,1989;Tominaga 等,1989;Nezu 和 Nakagawa,1993)。矩形明渠中二次流由一对表面涡 A、底涡 B 和内部涡 C 组成(Tominaga 等,1989;Grega 等,1995),如图 1.2-3 所示。内部涡的强度很弱,在试验仪器精度不高或测点布置不密的情况下,很难被观测到。尽管二次流流速很小,不到主流速的 3%,但其对流速分布及物质输移扩散影响不容忽视(Tominaga 等,1989;Shiono 和 Feng,2003)。表面涡将侧壁附近低流速水体输运至中部,将表层高流速水体输运至水面以下,使最大流速下潜。试验表明,矩形明渠中最大流速出现在水面以下的现象在深窄型明渠或宽浅型明渠的侧壁附近产生(Nezu 和 Rodi,1985;Imamoto 和 Ishigaki,1988;Kironoto 和 Graf,1994),这是因为二次流形态和强度与渠道宽深比 B/h 有关。Nezu 和 Nakagawa(1993)定义 $B/h<5$ 为窄明渠,$B/h>5$ 为宽明渠,该判别标准目前在明渠研究中广泛使用,尽管部分学者试验认为当 $B/h \geq 3$ 时,dip 现象就在明渠中垂线处消失(Lakshminarayana 等,1984)。在宽浅型明渠中,表面涡 A 仅存在于侧壁附近,因此渠道中部最大流速仍出现在水面,而侧壁附近最大流速出现在水面以下。

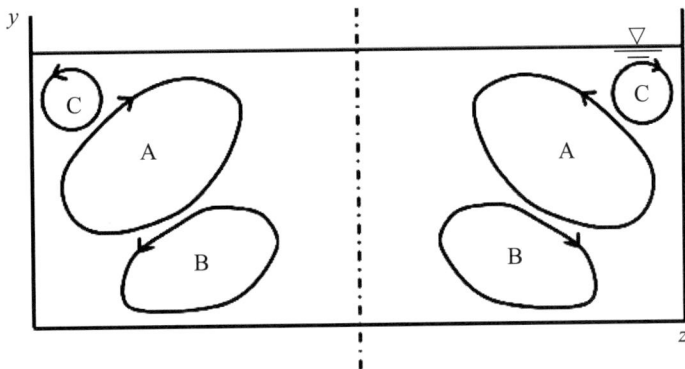

图 1.2-3　矩形断面明渠二次流示意图

明渠均匀流中的二次流,也称之为普朗特第二类二次流,是由紊动各向异性促生。Einstein 和 Li(1958)从均匀流涡量方程角度出发分析了该类二次流产生机制:

$$v\frac{\partial \Omega}{\partial y}+w\frac{\partial \Omega}{\partial z}=\frac{\partial^{2}}{\partial y\partial z}(\overline{v'^{2}}-\overline{w'^{2}})+\left(\frac{\partial^{2}}{\partial z^{2}}-\frac{\partial^{2}}{\partial y^{2}}\right)\overline{v'w'}+v\nabla^{2}\Omega \qquad (1\text{-}9)$$

式中,v,w——y,z 向的时均流速;

v',w'——y,z 向的脉动速度;

Ω——涡量,$\Omega=\partial w/\partial y-\partial v/\partial z$。

式(1-9)中方程左边为涡量的对流项,方程右边最后一项表示黏性作用,在外区可忽略不计。方程右边第一项和第二项符号相反,量级均远大于对流项,其中第一项促使二次流产生,第二项抑制二次流产生(Nezu,Nakagawa;1984)。因此,垂向与横向雷诺正应力的差异和雷诺切应力分布的非均匀性共同维持着二次流运动。由于二次流反过来会影响雷诺应力分布,因此二次流的理论分析机制非常复杂,得到二次流的解析解很困难,目前对于二次流的理论研究多是定性或半经验性的,普遍认为紊动各向异性是二次流产生的主要原因。明渠中紊动的各向异性是由固壁和水面综合作用所致,将在下一节介绍。

(2)矩形明渠均匀流紊动特性

明渠近壁区是紊动能产生区(Pope,2001),在壁面附近,紊动强度随到壁面距离增加而增加。试验表明,在黏性底层内,纵向紊动强度随 y^{+} 线性增加(Nezu,Nakagawa;1993),在 $y^{+}=10\sim20$ 范围内达到最大值(Nakagawa 等,1975;Nezu,Rodi;1986)。在不考虑二次流情况下,各方向紊动强度在外区均随到壁面距离增加而减小,可用指数律表达(Nezu 和 Rodi,1986):

$$\sqrt{\overline{u'^{2}}}/u_{*}=D_{u}\exp(-\lambda_{u}y/h) \qquad (1\text{-}10)$$

$$\sqrt{\overline{v'^{2}}}/u_{*}=D_{v}\exp(-\lambda_{v}y/h) \qquad (1\text{-}11)$$

$$\sqrt{\overline{w'^2}}/u_* = D_w \exp(-\lambda_w y/h) \qquad (1\text{-}12)$$

式中，$\lambda_u = \lambda_v = \lambda_w = 1$，$D_u = 2.30$，$D_v = 1.27$，$D_w = 1.63$。

由式(1-10)至式(1-12)可得，$\sqrt{\overline{u'^2}}/(2k) = 0.55$，$\sqrt{\overline{v'^2}}/(2k) = 0.17$，$\sqrt{\overline{w'^2}}/(2k) = 0.28$。

在考虑二次流作用时，由于明渠中自由液面会抑制垂向脉动速度，且这种抑制作用随到水面距离增加而衰减，因此在水面附近垂向紊动强度减小，纵向和横向紊动强度在紊动能重分布作用下增加(Komori 等，1982)，从而($\sqrt{\overline{w'^2}} - \sqrt{\overline{v'^2}}$) 增加，促使了二次流的产生。值得注意的是，以上关于水面对紊动强度影响的讨论是在弗劳德数不大，或者表面张力较大，足以抑制水面波动条件下进行的。当水面存在波动，且弗劳德数趋近于 1 时，水面附近紊动强度增加(Nezu，Nakagawa；1993)。

当不考虑二次流作用时，明渠中雷诺切应力在渠底附近随着距壁面距离的增加而增加，在外区随着距壁面距离的增加而线性减小，在水面处雷诺应力为零；紊动能耗散率随着距壁面距离的增加而减小。在考虑二次流作用条件下，雷诺切应力在水面附近为负值，且雷诺切应力为零的位置与纵向最大流速所在位置一致；紊动能耗散率在水面附近增加。事实上，通过试验获取水面附近紊动参量非常困难。从理论上分析，由于水面附近大涡会冲撞水面，涡体产生变形，其垂向紊动尺度受到抑制(Hunt，1984)，水面附近紊动能应该减小似乎更合乎情理，Nakagawa 等(1975)的试验结果也支持这一分析，但 Komori 等(1982)试验得到水面附近紊动能略有增加。因此，关于紊动能在水面附近变化情况，尚难以下定论。从混合长度角度考虑，涡黏性系数 $v_t \propto v'L_y$，其中 L_y 是大涡的垂向尺度。因此，涡黏性系数在水面附近减小。

(3)矩形明渠均匀流数值模拟

明渠水流数值模拟可通过直接数值模拟(DNS)或大涡模拟(LES)进行(Pope，2001)，但这两种方法因计算量巨大，非常耗时而应用受到限制。常用的模拟手段是采用不同紊流模型封闭求解 N-S 方程。明渠均匀流中，二次流由紊动各向异性导致，因此假设紊动各向同性的 k-ε 模型不能模拟出断面二次流形态，要更精确地分析流速分布的 dip 现象和紊动特性，需要采用紊动各向异性模型，如雷诺应力模型(RSM)、代数应力模型(ASM)和非线性 k-ε 模型等。Naot 和 Rodi(1982)从雷诺应力输移方程出发，通过引入固壁和水面校正函数，并采用合理近似，认为紊动能产生等于耗散，忽略雷诺应力的输移和扩散，并忽略二次流速度的梯度，用附加的涡黏性项考虑其影响，得到雷诺应力各分量的代数表达式。同时，为了考虑水面附近紊动能耗散率增大的作用，结合矩形明渠试验数据给出了在水面边界条件处紊动能耗散率的表达式。Naot 和 Rodi(1982)利用该模型计算分析了不同宽深比明渠中二次流形态，

得到当明渠宽深比 B/h 为 1 和 2 时,断面内二次流由一对表面涡和底涡组成;当宽深比 B/h 增加至 4 和 5 时,表面涡仅存在在渠道边壁附近;当宽深比 B/h 减小至 2/3 时,表面涡受渠宽限制,将分解成两个尺度和强度更小的涡。Li 等(2002)运用 Naot 和 Rodi(1982)提出的代数应力模型计算了宽深比 B/h 为 2 和 4 的矩形明渠内流速分布,得到当 $B/h=2$ 时,模型计算的最大流速值比实测值略小,最大流速位置略低;当 $B/h=4$ 时,最大流速值与实测值一致,但最大流速位置出现在水面,未能模拟出试验结果中的 dip 现象。Cokljat(1993)、Cokljat 和 Younis(1995)通过直接求解雷诺应力输移方程,在压应力重分布项的线性模化模型中加入水面校正项,并沿用 Naot 和 Rodi(1982)水面边界处理方式,得到目前广泛应用的适用于矩形明渠流模拟的雷诺应力模型。Kang 和 Choi(2006)应用雷诺应力模型模拟宽深比 B/h 为 2 的矩形明渠均匀流,证明雷诺应力模型可以模拟出二次流的全部组成,且在水面与侧壁交界处的内部涡将导致该处的壁面切应力显著增加。对涡量方程各项计算表明,雷诺正应力各向异性和雷诺切应力分布不均促使二次流产生,与 Nezu、Nakagawa(1984)试验结果一致。林斌良和 Shiono(1994)用非线性 k-ε 模型模拟了宽深比为 1~8 的矩形明渠中均匀流流速分布,认为横断面上主流流速分布及二次流形态与试验结果大致接近,但略有差别,这种差别很可能是自由水面边界条件给定不够准确所致。Czernuszenko 和 Rylov(2002)提出一种新的紊流模型,该模型基于三维混合长度模型计算雷诺切应力,采用 Tominaga 等(1989)提出的紊动强度经验公式计算雷诺正应力,在水面边界处给定速度梯度表达式。通过调整各方向混合长度尺寸比,可以大致模拟出表面涡和底涡的存在。Aydin(2009)提出一种非线性混合长度模型计算明渠均匀流,该模型通过调整水面衰减参数,可以模拟出横断面二次流形态及紊动各向异性情况,并可用于天然河道任意断面形态明渠紊流模拟。

综上可知,目前各种紊动各向异性的紊流模型均可模拟出二次流作用,但模拟结果精确性有所差异。水面作用的影响通过调整模型参数实现,这些参数有的被认为是普适的,有的需要试算率定。改善水面作用的模化处理方式是提高模拟可靠性的根本途径之一。

(4)无压隧洞均匀流研究

无压隧洞断面形式多为圆形断面、城门洞形断面、马蹄形断面等,如图 1.2-4(a)至图 1.2-4(c)所示。其中,圆形隧洞结构受力条件最好,且在同等壁面粗糙度条件下,过流能力最强,但施工难度最大;城门洞形隧洞结构受力条件和过流能力最差,但易于施工。马蹄形隧洞兼具两者优势,成为工程中使用最多的一种形式。

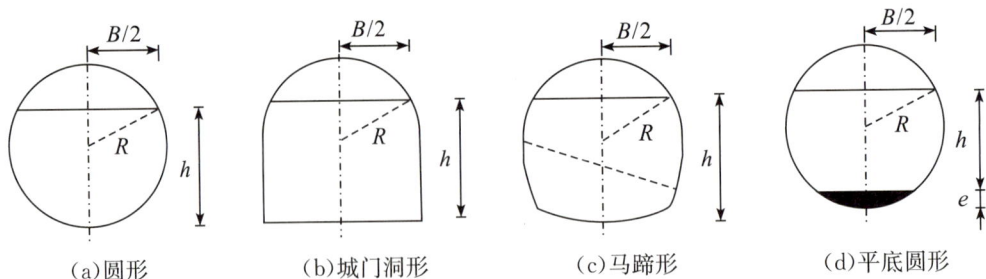

(a)圆形　　　　　　(b)城门洞形　　　　　(c)马蹄形　　　　　(d)平底圆形

图 1.2-4　无压隧洞断面形式示意图

早期对无压隧洞均匀流研究主要基于均匀流公式和达西—魏斯巴赫公式进行,从断面平均的层面展开计算过流能力和流动阻力(科津和霍耀东,1981;Borovkov等,1989;Sturm 和 King,1988)。然而,过流断面优化分析、准确获取水位—流量关系曲线和隧洞壁面冲刷防护等需要以断面流速分布和切应力分布作为依据。纵向流速和切应力的分布受紊动特性和断面二次流影响,因此宜从三维角度系统分析研究。

无压隧洞均匀流本质上属于曲形断面明渠均匀流,其研究可以以矩形明渠均匀流相关理论为基础。城门洞形和马蹄形无压隧洞均匀流研究成果较少,Jomba 等(2015)计算了马蹄形无压隧洞中流速分布规律,但其研究对象为层流,而实际输水隧洞在正常条件下运行时,水流均为紊流状态。圆形无压隧洞均匀流是研究最多的一种形式。由于国内外学者研究时均称为圆形明渠均匀流,因此下文中相关对象均以圆形明渠表述。

由于水流结构受边壁条件影响(Sterling,1998),圆形明渠中流速分布和紊动特性规律有别于矩形明渠中的特征。研究表明,圆形明渠中流速分布对数律在内区仍然适用,但在水面附近,流速分布与对数律的偏离程度比矩形明渠中更明显(Nalluri,Novak,1973;Ead 等,2000;Clark,Kehler,2011;Kim 等,2011);横断面上仍可能出现dip 现象(图 1.2-5),但此时最大流速出现的位置更低(Clark,Kehler,2011;Yoon 等,2012),且与充满度 h/D 有关。圆形明渠均匀流水动力特性受充满度影响较大,在低充满度和高充满度条件下表现出不同的规律。Nalluri 和 Novak(1973)指出,圆形明渠均匀流中,存在一个临界充满度,水流特性从一种形式(低水深)向另一种形式(高水深)转变。从直观上讲,这是因为在不同充满度条件下,水面所在处的侧壁形态不同。根据已有试验成果,目前普遍认为该临界充满度为 50%(Sterling,1998;Yoon等,2012)。当充满度小于 50%时,圆形明渠均匀流流速分布规律类似于宽浅型矩形明渠,在渠道中部最大流速位于水面(Richmond 等,2007);当充满度大于 50%时,内凹形侧壁将对水流结构产生影响(Nalluri,Novak,1973;Clark,Kehler,2011)。此时,渠道中将出现 dip 现象,最大流速位于水面以下,且随着水深增加,最大流速的绝对位置也有所增加(Relogle,Chow,1966);中垂线处紊动能及各方向紊动强度在相对水

深 $0.1 \leqslant y/h \leqslant 0.6$ 时,随距渠底距离增加而减小,在 $y/h > 0.6$ 时,紊动能及纵向、横向紊动强度随着距渠底距离增加而增加(Clark,Kehler;2011),且水深越大时,水面附近纵向紊动强度增加越明显(Nalluri,Novak;1973),表明此时在该范围内凹形侧壁促使更多紊动能产生。Clark 和 Kehler(2011)建议在圆形明渠中用抛物线形式表达式对紊动强度各分量进行拟合。受观测手段、渠道尺寸、材料等因素影响,不同学者试验得到的临界充满度可能略有不同(Replogle,Chow,1966;Nalluri,Novak,1973;Anogiannakis 等,2013)。Mohebbi(2014)提出与矩形明渠中类似的最大流速位置的经验表达式:

$$\frac{y_{max}}{h} = \left\{ 1 + \exp\left[-\frac{2^n}{\lambda}\left(\frac{D}{h} - 1\right)^{n/2} \right] \right\}^{-1} \tag{1-13}$$

式中,y_{max}——最大流速距渠底距离;

D——圆形断面直径;

λ, n——经验参数,$\lambda \approx 1.1, n \approx 2.4$。

该曲线表明当 h/D 较小时,最大流速出现在水面;当 h/D 在 0.5 附近时,最大流速开始位于水面以下;当充满度很大时,最大流速相对位置变化很小,并将趋近于 $0.5h$,如图 1.2-6 所示。

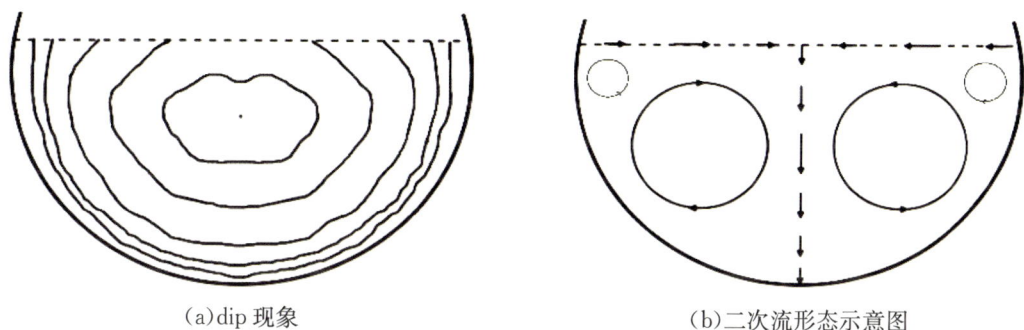

(a)dip 现象　　　　(b)二次流形态示意图

图 1.2-5　圆形明渠中二次流示意图

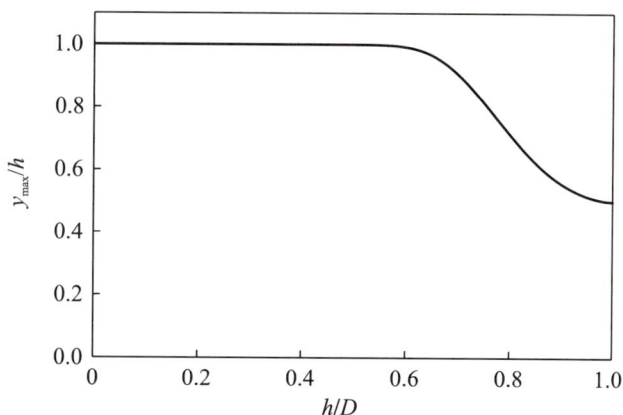

图 1.2-6　Mohebbi(2014)建议的圆形明渠中最大流速位置曲线

概括地讲,圆形明渠是曲形断面明渠中研究最多的一种形式。根据不同学者试验结果,在研究圆形明渠均匀流特性时,需根据充满度与临界充满度(50%)大小关系,分两种情况讨论。两种情况下流速及紊动参数分布规律均有显著差异。圆形明渠和矩形明渠水面附近紊动强度分布的差异意味着不同断面形式明渠中,水面作用有所不同。如果采用理论分析或数值模拟研究,可能要采取不同的模化方式或参数数值。

与矩形明渠均匀流类似,圆形明渠均匀流中最大流速位于水面以下的现象也是由断面上二次流所致。受紊动各向异性和内凹形侧壁综合作用,圆形明渠中二次环流更强烈(Nalluri,Novak;1973),这也从一方面解释了圆形明渠中最大流速位置更低的现象。受壁面形态影响,圆形明渠中二次流形态与矩形明渠中也有所不同,如图 1.2-4 所示。圆形明渠断面上二次流由一对主涡组成(Clark,Kehler;2011),该主涡在水面附近将侧壁处低流速水体输运至中部,将表层高流速水体输运至水面以下,使最大流速下潜。由于没有底涡的存在,圆形明渠中出现 dip 现象时,最大流速位置更低。当充满度很小时,水面和侧壁交界处可能出现一对内部涡(Sterling,1998)。

由于圆形明渠中同样存在 dip 现象,部分学者尝试将矩形明渠中描述 dip 现象的理论模型通过坐标变换应用到圆形明渠中(Mohebbi,2014;杨泽,2015)。Guo 等(2014)认为由于圆形明渠中二次流形态与矩形明渠中不同,矩形明渠中最大流速位置和尾流系数的表达式不能直接用于圆形明渠中。Guo 等(2014)假设渠道中垂线处流速分布仍可通过在对数律中加一距离立方项对水面进行修正,得到中垂线处流速分布表达式,并忽略矩形明渠断面流速分布亏欠律中正弦函数平方项,得到曲形明渠中全断面流速分布表达式。Jiang 等(2016)利用 Tsallis 熵概念和最大熵原理推导了圆形明渠中流速分布表达式。圆形明渠中流速分布理论预测方法的缺陷与矩形明渠中相似,但普遍来讲,由于这些模型采用的假设更多,且很难考虑临界充满度的影响,因此局限性更大。

与矩形明渠均匀流数值模拟原理类似,圆形明渠均匀流中二次流的模拟也要通过紊动各向异性模型实现。圆形明渠均匀流数值模拟的相关研究较少,而已有研究均采用各向同性紊流模型进行。Berlamont 等(2003)用标准 k-ε 模型模拟了部分充满圆管流动中切应力分布。笔者指出,模拟部分充满圆管流动中二次流现象需要采用雷诺应力模型,但所采用的计算流体力学软件 PHOENICS 限制雷诺应力模型只能用于矩形网格,因此只能采用 k-ε 模型研究。笔者认为二次流对切应力分布影响是二阶的,因此采用 k-ε 模型近似研究切应力分布是合理的。Toews(2012)、Clark 等(2014)用 RNG k-ε 模型计算了金属波纹管中横断面上流速小于平均流速的面积,并将计算结果用于指导过鱼涵洞的设计。鉴于此,本书中将采用各向异性的紊流模型,对圆形明渠均匀流流速分布和紊动特性进行全面研究。

当圆形明渠底部有泥沙淤积或铺设碎石时，过流断面就成了平底圆形，如图 1.2-7(a)所示。Hoohlo(1994)、Sterling(1998)、Magura(2007)等学者对该类断面形式明渠进行了研究。研究表明，流速分布对数律同样适用，且在水深较浅时，最大流速出现在水面；在水深较大时，渠道内存在 dip 现象，最大流速出现在相对水深 $y/h=0.6\sim0.7$ 范围内。Hoohlo(1994)用非线性 k-ε 模型数值模拟表明紊动能及涡黏性系数在水面附近均减小，但笔者未能模拟出封闭的二次环流，尽管从流速分布的等值线图推断，该条件下二次流是确实存在的。平底圆形断面内可能存在两种二次流形态，如图 1.2-7 所示。当水深较大(h/D 较大)时，断面内二次流仅由一对主涡构成，如图 1.2-7(a)所示。当水深较浅(h/D 较小)或平底高度较高(e/D 较大)时，断面内二次流由一对表面涡和底涡组成，如图 1.2-7(b)所示，据此推测认为渠道中的平底会促使底涡产生(Hoohlo,1994；Sterling,1998)。事实上，由于平底的存在，原始的圆形断面渠道在侧壁和底部曲率形态产生不连续性，加剧了横向和垂向的紊动异性，从而促使了底涡的产生。随着水深增加，表面涡尺寸增大，会抑制底涡的发展。平底圆形和圆形渠道中二次流形态的差异进一步说明了明渠均匀流水流结构对断面形态很敏感(Sterling,1998)。

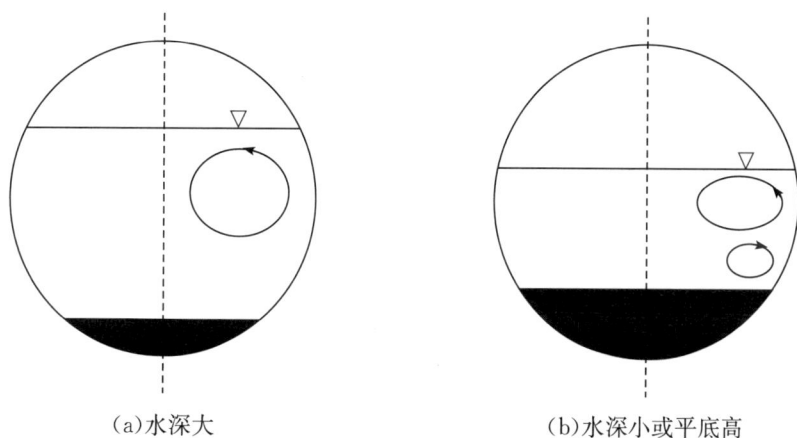

(a)水深大   (b)水深小或平底高

图 1.2-7　平底圆形渠道中二次流形态

从输水隧洞角度讲，马蹄形断面比圆形断面更为常用，且鲜有相关试验研究，因此本书将对马蹄形隧洞均匀流通过试验和数值模拟做系统性研究。

1.2.1.3　渠隧过渡段水动力特性研究

在实际输水工程中，隧洞进口与上游明渠一般通过过渡段连接。过渡段的作用在于为上下游不同断面的渠段提供光滑过渡，调整流速分布，避免边界层分离，尽量减小水头损失，避免交叉波、驻波及其他剧烈紊动，保障工程安全(Chow,1959；

Elimov,Rabkova,1989;张志恒,1991)。在通常情况下,隧洞断面面积小于上游明渠断面面积,隧洞进口过渡段为收缩过渡段。Kazemipour 和 Apelt(1980)指出,当渠道沿程底坡变化适应断面形态变化时,可能形成过流面积不变,仅有断面形态变化的过渡段,这种过渡段不会产生局部水头损失。然而考虑实际施工难度和多工况运行条件,这种情况在输水工程中几乎不存在。根据水面收缩角大小(过渡段内水面边线和渠道中线的夹角),过渡段可分为均缓收缩、剧烈收缩和突缩三类(Smith,Yu,1966;Nasser,2011)。当收缩角小于 14°时,过渡段可视为均缓收缩;当收缩角大于 14°且小于 90°时,过渡段属于剧烈收缩范畴;当收缩角为 90°时,过渡段为突缩变化。

当隧洞进口过渡段剧烈收缩和突缩时,水面沿程变化较大,可能出现不良流态,如漩涡和局部边界层分离等,通常会引起较大的水头损失(Henderson,1966),可能对下游造成局部冲刷(Negm 等,2003;Dey,Raikar,2005),甚至产生瓶颈效应,即 choke 现象(Heggen,1988),抑制过流能力。如新疆克拉玛依引水工程 4#、5# 无压输水隧洞进口前扭曲面过渡段内水面收缩角最大达 31°,剧烈收缩导致渠道在通过设计流量时,隧洞进口附近超高不足,水面波动大;通过加大流量时,隧洞进口甚至出现封顶现象(李鹤,2016),但此时洞身仍保持一定的安全超高,表明隧洞进口过渡段设计不合理限制了整个工程的输水能力。Chow(1959)指出,为保证过渡段运行情况良好,过渡段设计时应采用渐变的形式平顺过渡,且水面过渡角不宜超过 12.5°。本书中将以国内已建大型引调水工程为例,说明隧洞进口过渡段均缓收缩的必要性,并对剧烈收缩导致的不良水流现象加以分析。

(1)隧洞进口过渡段内水头损失

隧洞进口过渡段内水头损失由沿程水头损失和局部水头损失组成,其中局部水头损失通常占主导部分。Kazemipour 和 Apelt(1980)指出,当过渡段剧烈变化时,局部水头损失甚至可占总水头损失的 90%以上。局部水头损失可通过流速水头乘以局部水头损失系数计算,合理选取局部水头损失系数是正确估算局部水头损失的关键。局部水头损失系数一般需根据过渡段形式选取,Henderson(1966)指出当过渡段形式从突变改为渐变时,局部水头损失系数可减小 2/3;Chow(1959)建议过渡段为扭曲面形式时局部水头损失系数取 0.1～0.2,直线形取 0.3～0.5,突变取 0.75;Yaziji(1968)测得直线和流线型收缩过渡段局部水头损失系数为 0.2～0.42;小艾森布雷和海斯(1987)给出折背式进口收缩过渡段局部水头损失系数为 0.3;张志恒(1991)指出对于扭曲面过渡段,隧洞进口局部水头损失系数不是常数,而是与水面收缩角有关。笔者根据实际工程试验资料整理,引入一个过渡段体型系数,将过渡段分为 4 档,并给出了各档过渡段局部水头损失系数与水面收缩角的关系曲线,其范围为 0.1～0.8。在本书研究中,将根据水槽试验资料整理局部水头损失系数范围,并给出与水面收缩角的关系式。

由于过渡段形式很多,局部水头损失系数存在很大变化范围,且局部水头损失还与水流条件有关,如水面收缩角、弗劳德数和雷诺数等(翟渊军. 南水北调中线工程总干渠渠道渐变段局部水头损失计算方法研究. 灌溉排水学报,2007,26(4):20-22.),因此重大输水工程隧洞进口过渡段局部水头损失需要通过试验确定(李协生,1999;Nasser,2011)。输水工程设计时,为提高工程效益,应选取局部水头损失最小的进口过渡段形式。Swamee 和 Basak(1993,1994)推导了渐缩段中水流为缓流时,局部水头损失最小的侧壁变化形式。但这些侧壁形式的轮廓曲率沿程变化复杂,不利于施工,实际工程中最常用的是扭曲面过渡段形式(Chow,1959;张志恒,1991;Stockstill,2006)。本书中将在实际工程背景的基础上,通过模型试验计算不同过渡段的水头损失,就此指标对不同过渡段设计做出评价。

(2)收缩过渡段内水流水动力性能

过渡段内水流水动力特性非常复杂,很少有理论解,研究手段主要为试验和数值模拟的方式。由于突缩相当于过渡段长度为零,因此后续对收缩过渡段讨论均指均缓收缩和剧烈收缩。

收缩过渡段现有研究主要集中在水面线计算上。因为当收缩水流流态为急流时,收缩段内将产生菱形状的冲击波/斜震波,水面局部壅高,威胁渠道安全(Chow,1959)。急流收缩过渡段设计计算的基本原理是 Ippen 冲击波理论(Henderson,1966)。鉴于该理论计算过程较烦琐,陆续有学者在此基础上提出简化方法,用于工程设计时计算收缩段长度(Verezemskii,1968;刘韩生和倪汉根,1999)。冲击波产生后,收缩段内水深沿横向和纵向均变化显著,且水面形态主要取决于冲击波特征。Hsu 等(1998)利用坐标变换,基于高阶差分求解浅水方程,分析了水流为急流时,收缩渠道内水深沿程变化;Reinauer 和 Hager(1998)试验研究了线性收缩段中水面宽度收缩比和纵坡对收缩段侧壁始端、末端和中轴线处三股冲击波的不同影响,并提出了削减冲击波的方法。Akers 和 Bokhove(2008)观察到线性收缩渠道中,水流为急流时,随弗劳德数和上下游水面宽度比变化,可能存在不同形态冲击波的现象,并通过摄动法求解一维运动方程提供了理论解释。

相比之下,收缩过渡段内缓流流速分布和紊动特性研究成果较少。早期研究明渠侧壁收缩对流速和紊动强度影响的有 Ramjee 等(1972)和 EI-Shewey、Joshi(1996)。Ramjee 等(1972)试验测量了渐缩过渡段下游纵向流速分布和紊动特性的变化规律,认为在收缩段下游,水流有逐渐恢复均匀流的趋势;近壁区水流存在局部平衡,几乎不受收缩影响,纵向流速分布仍符合对数律,外区水流调整恢复至均匀流状态较慢,尤其是紊动特性,受收缩影响比时均流速更显著,当时均流速分布沿程已几乎不变时,紊动参数仍偏离均匀流分布。在收缩段下游,雷诺切应力垂向分布的基本规律和均匀流相同,但在壁面附近达到最大值的位置更高;紊动强度在接近水面 $0.8 < y/h < 1$ 处略有增加。Dey 和 Raikar(2005)也报道了紊动能在接近水面时略有增加的现象,但他们的试验在易冲刷渠底的明渠中进行,在收缩段下游存在明显的冲刷坑,冲刷坑是否会影响水面附近紊动能分布不得而知。Ramjee 等(1972)虽然没有测量收缩段内紊动强度变化,但他们根据上下游观测结果推测,收缩段内紊动强度沿程减小。EI-Shewey 和 Joshi(1996)试验研究了矩形明渠中局部对称收缩对紊动特性的影响,但这种收缩是突变的。笔者观测得到,收缩段上游紊动强度略有减小,下游紊动强度增加。当渠宽变化小时,紊动强度的变化主要只发生在渠底和水面附近,当渠宽变化大时,下游水流紊动强度在全水深范围内均有明显调整。收缩段下游,紊动强度的垂向分布不同于均匀流的分布规律,在内区($y/h < 0.2$)及水面附近区域($0.6 < y/h < 1$)紊动强度大,在核心区($0.2 < y/h < 0.6$)某处紊动强度有最小值。紊动强度分布的变化与横断面二次流有关,但侧壁收缩对二次流的影响鲜有研究(Papanicolaou,Hilldale,2002;Papanicolaou,2012)。Xie(1998)、Wang 等(2015)试验研究了侧壁渐变渠道内二次流特征,但这种变化是收缩扩散依次交替出现的,因此不能据此确定侧壁仅有收缩的影响。通过数值模拟研究了明渠收缩角对收缩段下游纵向时均流速、紊动强度和紊动能的影响,但并未分析渠道中二次流作用,而且笔者采用了标准 k-ε 紊流模型,因此也无法准确分析紊动各向异性的二次流特征。Rahman 和 Siikonen(2004)提出一种新的代数应力模型研究收缩对紊动各向异性的影响,但作者模型基于二维,仅计算了深度平均的紊动强度和紊动能在收缩段中垂线的沿程变化,不能用于三维研究,分析横断面二次流规律。Mohanta 等(2015)用大涡模拟研究了对称收缩复式渠道中流速分布和壁面切应力分布特征,认为二次流会导致深度平均流速在横向分布不均,但没有分析二次流对紊动特性的影响及各水力参数在垂向乃至断面的分布规律。因此,有必要通过试验结合数值的方式对收缩过渡段内流速分布、紊动特性和二次流规律进行探究。

1.2.2　国内大型引调水工程实践

1.2.2.1　渠道输水工程

(1)南水北调中线一期工程

南水北调中线一期工程供水目标以北京、天津、河北、河南 4 省(直辖市)的主要城市生活、工业供水为主,兼顾生态和农业用水。工程规划多年平均调水量为 95.1 亿 m³,其中河南省 37.7 亿 m³,河北省 34.7 亿 m³,北京市 12.4 亿 m³,天津市

10.3 亿 m³。

南水北调中线一期工程从丹江口水库陶岔闸引水，经唐白河流域西部过长江流域与淮河流域的分水岭方城垭口，沿黄淮海平原西部边缘，在郑州以西孤柏咀处穿过黄河，沿京广铁路西侧北上至北京、天津，全长 1432km，如图 1.2-8 所示。其中，渠首至北拒马河段（进入北京的起点）长 1197km，以梯形明渠为主，采用全断面衬砌；北京段（北拒马河至团城湖段）长 80km，采用 PCCP 管和暗涵；天津干线长 155km（总干渠西黑山分水闸至天津外环河），采用箱涵。

图 1.2-8 南水北调中线一期工程总体布置示意图

工程输水流量规模为：陶岔渠首设计流量 350m³/s、加大流量 420m³/s，穿黄河设计流量 265m³/s、加大流量 320m³/s，进河北设计流量 235m³/s、加大流量 265m³/s，西黑山分水口（进天津）设计流量 50m³/s、加大流量 60m³/s，进北京设计流量 50m³/s、加大流量 60m³/s。

南水北调中线一期工程于 2014 年 12 月 12 日全面通水，截至 2024 年 7 月 30 日，陶岔渠首已累计调水 660 亿 m³，直接受益人口超 1.08 亿人，成为沿线 26 个大中城市的供水生命线，发挥了显著的社会效益、生态效益、安全效益和经济效益。

南水北调中线一期工程近年来多次实施了大流量输水工作，总干渠输水能力得到了初步检验。根据文献报道，工程大流量输水期间出现了局部渠道水位壅高、少量渡槽槽顶漫溢、进出口水流波动或涌浪现象，存在一定的输水能力风险。工程管理单位陆续组织实施了局部改造试点工程，建筑物局部过流能力有一定提升。

（2）引黄济青工程

引黄济青工程(图 1.2-9)位于山东省境内,从黄河流域引水,主要是为解决青岛市及工程沿途城市用水并兼顾农业用水,年引水量 4.86 亿 m^3。

工程从博兴县黄河打渔张引水闸引水,经渠首沉砂池沉砂后,经宋庄、王耨、亭口、棘洪滩 4 座泵站提水入棘洪滩水库调蓄,再经暗涵、倒虹吸、渡槽等输水至青岛市白沙水厂,线路全长 291km。

引黄济青工程于 1989 年 11 月建成通水,为青岛市及工程沿线经济社会的可持续发展提供了可靠的水源保证。南水北调东线一期工程实施后,引黄济青工程除向青岛调引黄河水外,还承担向胶东地区调引长江水的任务。

据报道,引黄济青工程经过 20 多年的运行后,工程整体老化,输水渠道局部衬砌板出现坍塌、裂缝等,渠道渠底有不同程度的淤积,渠道过流能力降低,仅能达到原设计的 60%～70%。2014 年实施局部改(扩)建后,渠道过流能力提高了约 40%。

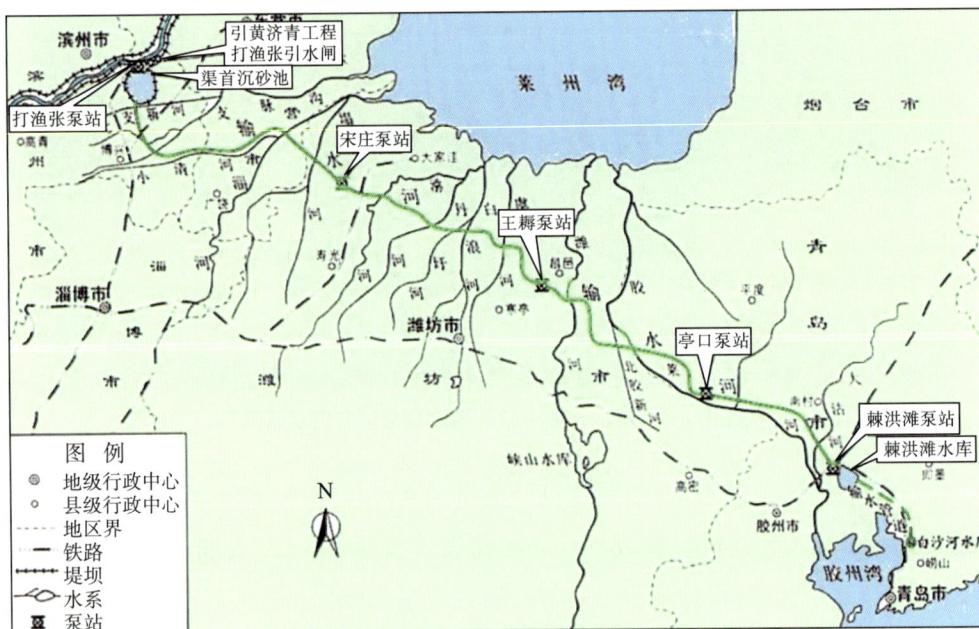

图 1.2-9　引黄济青工程总体布置示意图

（3）东深供水工程

广东省东深供水工程(图 1.2-10)自东江取水,经太园、莲湖、旗岭、金湖梯级泵站提水后自流到上埔节制闸,再经过雁田隧洞进入深圳水库,为香港、深圳和东莞地区沿线提供优质水源。工程始建于 1964 年,输水线路总长 63km,经 4 期改造后年供水量增加至 24.23 亿 m^3,设计输水流量增加至 100m^3/s。工程输水线路采用明渠(包括渡槽、无压隧洞等)结合管涵(包括倒虹吸、箱涵、圆形埋管等)的形式。

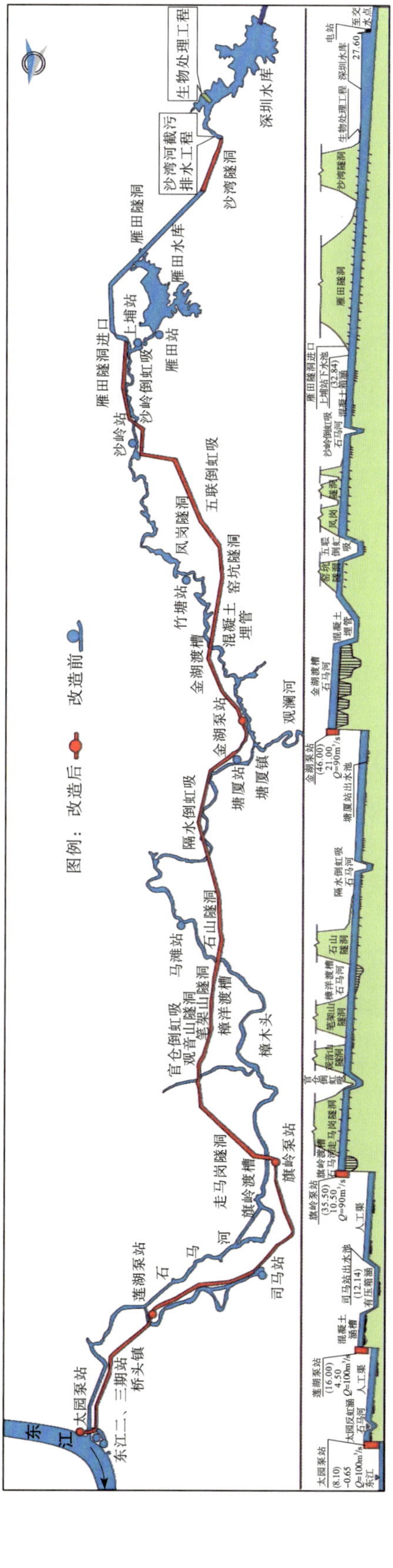

图例： ● 改造后　● 改造前

图1.2-10　东深供水工程总体布置

据报道,2007 年 5 月 14 日,东深供水工程在莲湖明槽处发生了溢流事件,造成莲湖明槽部分绿化带被冲坏。所幸事件发现和应急预案启动及时,没有造成其他损失。经查溢流事件的主要原因是淡水壳菜等生物在箱涵内附着,从而导致建筑物糙率增加,进而使莲湖明槽水位缓慢上升,实际过流能力无法满足设计流量要求。经采取一系列淡水壳菜防治措施后,工程输水能力逐步恢复到设计水平。

(4)引额供水工程

引额供水工程以额尔齐斯河为水源,解决新疆北部城市生活、工业及沿线生态用水。工程包括引额济克工程和引额济乌工程,其中,引额济克工程于 2000 年 8 月通水运行,引额济乌工程一期工程于 2005 年 9 月通水运行。

引额济克工程以向克拉玛依油田区城市工业用水为主,兼顾沿线工业灌溉,设计年引水量 8.4 亿 m³,其中向克拉玛依市输水 4 亿 m³。引额济乌一期工程南干渠工程以解决北疆中心城市资源性缺水的突出矛盾为主。工程自顶山南干渠分水闸起,向南横穿准噶尔盆地及古尔班通古特沙漠,至尾部调节平原水库"500"水库,设计年供水量 5.6 亿 m³,线路总长 375.61km。工程沿线主要布置有顶山隧洞、戈壁明渠、小洼槽倒虹吸、三个泉倒虹吸、沙漠明渠、平原明渠等。

相关文献资料表明,工程运行近 10 年后,渠道输水能力已不能满足日益增长的用水需求。相关工程管理单位组织实施了改(扩)建工程。例如,北疆调水工程扩建工程是在引额济乌一期工程的基础上,对已建的渠道进行加高,使渠道设计流量从 29m³/s 提高到 57m³/s。

1.2.2.2 河道输水工程

以河道为主要输水通道的大型引调水工程输水能力通常能够满足供水保障要求,如南水北调东线一期工程、引江济淮工程等。

(1)南水北调东线一期工程

南水北调东线一期工程(图 1.2-11)从长江下游调水,工程任务是补充山东、江苏、安徽等输水沿线地区的城市生活、工业和环境用水,兼顾农业、航运和其他用水。工程多年平均抽江水量 87.66 亿 m³。

南水北调东线一期工程输水线路为:从长江干流三江营引水,通过 13 梯级泵站逐级提水,利用京杭大运河及其平行的河道输水,经洪泽湖、骆马湖、南四湖、东平湖调蓄后,分鲁北和胶东两路。鲁北段一路向北穿黄河,经小运河接七一·六五河输水至大屯水库,同时具备向河北和天津应急供水条件;胶东段向东通过济平干渠、济南市区段、济东明渠段工程输水至引黄济青上节制闸,再利用引黄济青工程、胶东地区引黄调水工程输水至威海米山水库。调水线路总长 1467km,其中,长江至东平湖

1045.36km,黄河以北173.49km,胶东输水干线239.78km,穿黄河段7.87km。

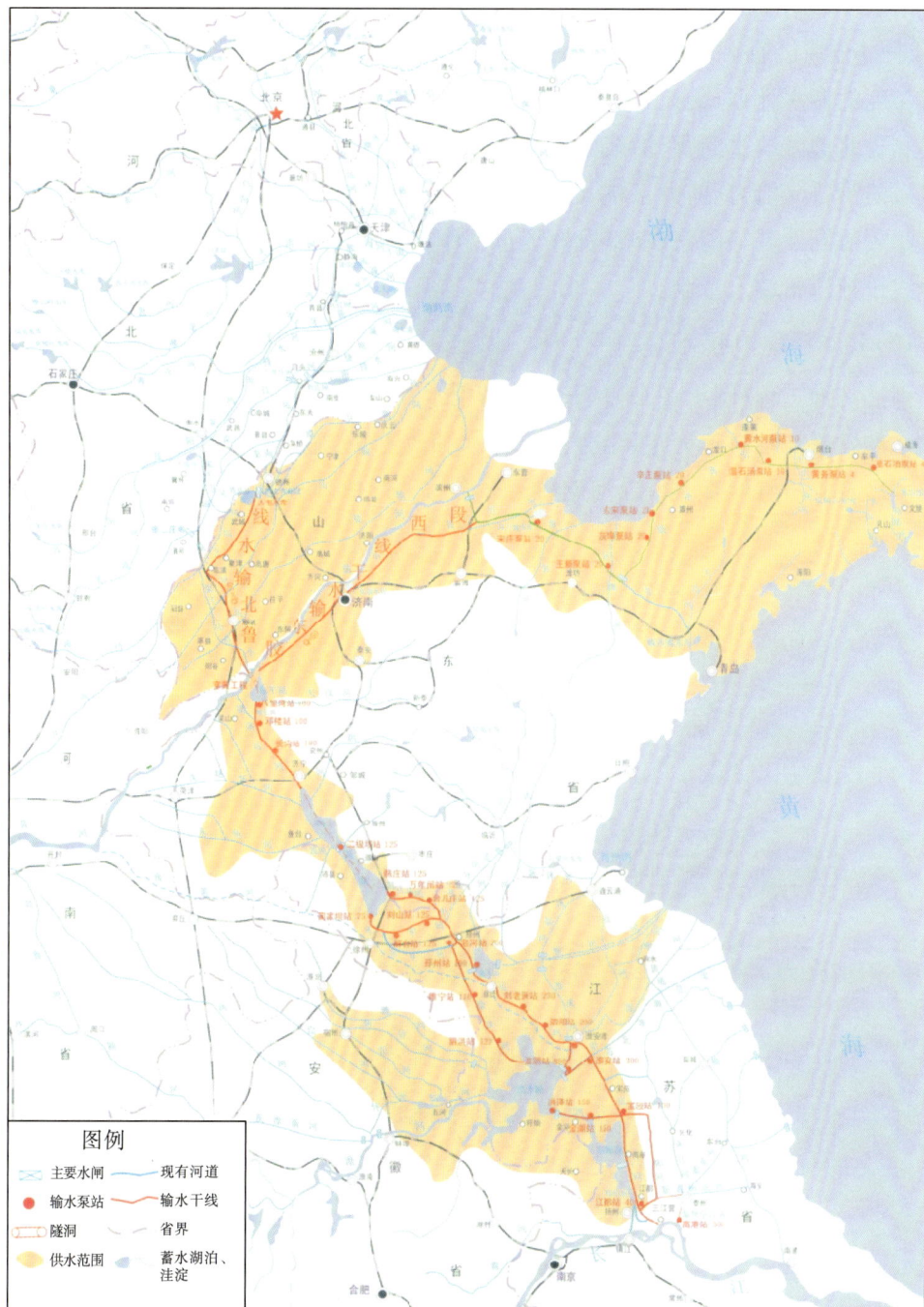

图1.2-11　南水北调东线一期工程布局示意图

工程输水流量规模为:抽江500m³/s、入洪泽湖450m³/s、出洪泽湖350m³/s;入骆马湖275m³/s、出骆马湖250m³/s;入南四湖下级湖200m³/s、入南四湖上级湖125m³/s、出南四湖上级湖100m³/s;入东平湖100m³/s、出东平湖胶东输水干线

50m³/s;过黄河 50m³/s。

南水北调东线一期工程于 2002 年 12 月开工建设,2013 年 3 月完工,2013 年 8 月 15 日通过全线试通水,2013 年 11 月 15 日正式通水。工程通水运行以来,圆满完成了各年度的调水计划,受益人口及范围逐步扩大,有效缓解了沿线城市,特别是胶东半岛和鲁北地区缺水问题,沿线生态环境明显改善,对优化区域水资源配置、增强沿线区域防洪排涝能力、助力京杭大运河全线水流贯通、推进地下水超采综合治理、推动京津冀协同发展等国家战略,发挥了重要作用。但东线一期工程通水至今,尚未经历全线设计流量输水考验。

(2)引江济淮工程

引江济淮工程(图 1.2-12)从长江下游引水,向淮河中游地区补水,工程任务以城乡供水和发展江淮航运为主,结合灌溉补水和改善巢湖及淮河水生态环境。工程供水范围涉及安徽省的 12 个市、河南省的 2 个市。近期规划水平年 2030 年,工程多年平均引江水量 33.03 亿 m³,远期可扩大到 43 亿 m³。

图 1.2-12 引江济淮工程布局示意图

引江济淮工程包括引江济巢、江淮沟通、江水北送三段,输水线路总长 723km,其中利用现有河湖 311.6km、疏浚扩挖 215.6km、新开河渠 88.7km、压力管道 107.1km。①引江济巢段利用西兆河线和菜子湖线双线引江,其中,西兆河线从凤凰颈泵站引水,利用已疏浚拓宽的西河、兆河输水入巢湖,线路长 74.5km,设计输水规模 150m³/s;菜子湖线在长江干流左岸新建枞阳枢纽引水,经菜子湖再由南向北穿越菜巢分水岭至白石天河入巢湖口,线路长 113.2km,设计输水规模 150m³/s。在巢湖白山枢纽节制闸上开口,沿巢湖南岸新开 20.8km 输水明渠,将菜子湖线引江水和经巢湖南部湖区输送的西兆河线引江水引至派河河口,设计输水规模 300m³/s。②江淮沟通段沿派河输水至新建的蜀山泵站枢纽提水后,经新开挖的江淮分水岭渠段输水入瓦埠湖,再经东淝河闸入淮河,线路长 156.3km。③江水北送段通过西淝河、沙颍河、涡河及怀洪新河四线共同向淮河以北输水,线路总长 358.2km。

引江济淮工程于 2016 年 12 月开工建设,2022 年 12 月 30 日实现试通水试通航。工程自通水运行以来,有效改善了皖北、豫东地区严重缺水的状况。

1.3　关键问题与主要成果

根据本书主要研究内容,结合大型无压引调水工程输水能力研究现状和工程实践情况,提出本书主要研究解决的关键问题如下:

(1)曲形无压输水断面内均匀流水动力特性

无压输水隧洞本质上属于曲形断面明渠。马蹄形断面是输水隧洞中最常用的一种断面形式,而马蹄形无压隧洞均匀流几乎没有学者展开研究。受侧壁形态影响,不同断面形式明渠中水流水动力特性是不完全相同的,不能完全移用矩形明渠均匀流结论来分析计算无压隧洞均匀流。因此有必要对马蹄形无压隧洞均匀流展开研究,揭示其流速分布、紊动特性和阻力规律。

同时,尽管圆形明渠均匀流尚有不少研究,但其数值模拟研究多基于各向同性的紊流模型,不能考虑断面内二次流作用,而二次流对流速分布和紊动特性有重要影响,因此,有必要采用各向异性的紊流模型对曲形明渠均匀流水动力特性展开研究,进一步分析其水流的紊动特性和阻力规律。

(2)不同过渡段形式的水动力特性及其对输水能力影响

过渡段包括收缩过渡段和扩散过渡段,包共均缓收缩和剧烈收缩两类。国内外学者均指出工程设计时应采用均缓过渡形式,以优化过流条件,减小水头损失,但未从机理上揭示不同形式过渡段对输水能力的影响。输水隧洞过流面积通常小于上游明渠中过流面积,隧洞进口过渡段属于收缩过渡段,目前关于收缩段中缓流的水动力特性研究较少。因此,有必要系统性研究无压输水隧洞进口过渡段内水流的紊动特性及其水流阻力特征,探究剧烈收缩的不利影响,分析均缓收缩对保证输水能力的优势。

(3)渡槽、倒虹吸等其他过渡段及渠道输水能力变化的应对措施

在部分渡槽、倒虹吸等其他过渡段处,以及渠道内设置阻水设施处,也可能存在输水能力降低的问题,但目前尚未找到行之有效的解决措施。因此,有必要结合工程实践,分析典型的输水能力变化成因,提出经济可行的工程应对措施。

根据研究工作目前存在的问题,本书针对性地开展如下研究内容:

①试验研究马蹄形隧洞均匀流纵向流速分布和紊动强度分布规律。建立适用于具有半圆形顶拱的曲形明渠均匀流数值计算模型,用收集的圆形明渠均匀流试验结果验证模型的合理性,并用本书中马蹄形隧洞均匀流试验结果验证模型的可推广性。再利用该模型计算结果对马蹄形无压隧洞均匀流进行全面深入的分析。

②试验研究无压隧洞进口收缩段内水面变化规律、流速分布和紊动强度的沿程变化规律,并以此为验证依据,选择合适的数值模型,研究隧洞进口附近沿程断面流速分布和二次流规律。结合试验及数值计算结果,分析剧烈收缩和均缓收缩对水流形态和输水能力的不同影响,从水动力性能角度综合给出工程设计时隧洞进口过渡段应采取均缓收缩形式的原因。将研究成果应用至新疆 YE 工程改造。

③以南水北调中线一期工程为例,通过原型观测数据收集分析、数值仿真计算,分别研究渠道综合糙率变化规律和渡槽、倒虹吸输水建筑物水头损失变化规律,分析工程输水能力变化的影响因素。根据工程局部改造实践,探索大型无压引调水工程输水能力的提升途径。

2   曲形断面水流水动力性能及对输水能力影响

无压隧洞本质上属于一种曲形断面明渠,可部分借鉴矩形明渠均匀流的研究成果和方法,但不可完全移用来分析。这主要是壁面形态会影响水流结构。曲形断面均匀流水动力性能研究有助于认识隧洞内水流结构,为输水能力观测与复核提供理论指导。曲形断面明渠包括圆形、马蹄形等,圆形断面明渠均匀流此前有部分试验研究,马蹄形隧洞均匀流流速分布和紊动规律尚未见有报道。鉴于此,本章主要以马蹄形隧洞为研究对象,首先利用试验手段研究马蹄形隧洞均匀流流速分布和紊动强度分布规律,然后利用一种改进的雷诺应力模型模拟分析断面内二次流和其他紊动参量的分布规律。

2.1   马蹄形断面均匀流水动力性能试验研究

2.1.1   试验模型

本试验在清华大学水力学所试验大厅完成。无压隧洞均匀流试验水槽由有机玻璃制作,长 16m,断面形态为马蹄形,顶拱半径 $R = 0.08$m,记其等效直径 $D = 2R$,如图 2.1-1 所示。水槽底坡为 0.005,壁面可视作水力光滑的。设坐标原点位于水槽进口断面最底端,沿水流流向为 x 轴,沿水深方向为 y 轴,沿水槽横向为 z 轴,正方向规定服从右手法则。整个水槽由 8 段相同的长 2m 的管段通过法兰连接组成,管外绑有若干钢圈,以防止有机玻璃管受压后变形。水槽进口通过长 0.5m 收缩段与水箱相连,水箱内设有栅格,以平稳水流;出口处设有活页尾门,以控制下游水深,在水槽测量范围内形成均匀流。

水槽出口下游装有三角堰测量流量。试验中水深通过测针测量,精度为 0.1mm;流速通过二维激光测速仪 PIV 测量,如图 2.1-2 所示。

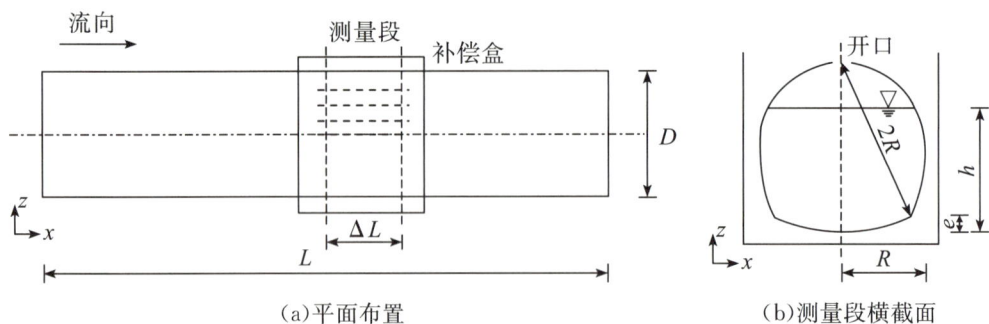

(a)平面布置   (b)测量段横截面

图 2.1-1　试验水槽示意图

图 2.1-2　激光测速仪 PIV 布置

水槽试验测量段长 1.5m，距进口 9m，大于 25D，可认为进口水体紊动不会对试验段水流造成干扰(Yoon 等，2012)，且水流充分发展(Kirkgoz 和 Ardichoglu，1997)；测量段距出口 5.5m，大于 $50R_h$（R_h 为水力半径），可认为尾门不会扰动水流结构(Yen，2003；陈槐等，2013)。测量段内未安装法兰，以将均匀流及测量光路可能受到的干扰降至最低。在测量段内，水槽顶部有宽 2.5cm 的狭长条开口，这样测针能伸入水槽内测沿程水深；水槽外部套有长 2.5m、宽 0.18m、高 0.2m 的矩形断面的光路补偿盒，以减小拍摄过程中由于光路折射造成的图像畸变。试验时沿横向移动激光器，依次拍摄中垂线 $z=0$、$z=2\text{cm}$、$z=4\text{cm}$ 和 $z=6\text{cm}$ 处 x-y 平面内流场(图 2.1-1 中横向虚线所示)，并将各测线简记为 z_0、z_2、z_4 和 z_6。

试验前需对三角堰的流量系数进行验证。在两组不同小流量条件下预试验，在水槽出口处用桶接水，通过秒表测定单位时间出流体积算出流量，各组均重复操作 3 次求该组流量条件下流量平均值 $Q_{测}$，与三角堰堰流公式计算得到的流量 $Q_{读}$ 比较，误差分别为 5.1%、2.6%，因此三角堰流量系数是可信的。

在 3 种不同水深条件下，马蹄形隧洞过流断面呈现不同的几何形态特征：$0<h<e$；

$e \leqslant h < R; R \leqslant h < 2R$。第一种水深极浅的情况在输水隧洞正常运行中基本不出现，工况设置针对第二种情况和第三种情况。试验共设置 5 组均匀流工况，充满度 h/D 范围为 39%～81%，各组充满度以约 10% 递增，具体工况参数见表 2.1-1。表中 h 为断面中垂线处水深，U 为断面平均流速，$U = Q/A$，Re 为雷诺数，$Re = 4UR_h/\upsilon = (1.13 \sim 2.50) \times 10^5$，$Fr$ 为弗劳德数，$Fr = U/\sqrt{gA/B} = (0.88 \sim 1.12)$，其中 A 为过流面积，B 为水面宽度，R_h 为水力半径，υ 为运动黏性系数，根据试验水温取 1.141×10^{-6} m^2/s。各组水流均为紊流，工况 4～5 为缓流，工况 1～3 为急流。

试验时调节出合适的流量，将尾门开启至最大，测量试验段沿程水深，若测量段两端水深差超过 2mm，逐步关小尾门，直至两测面水深差在 2mm 以内，认为在测量范围内形成了均匀流。本节试验中仅第 5 组试验是通过调节尾门形成的均匀流。

表 2.1-1 马蹄形无压隧洞均匀流试验工况参数

工况	h/D/%	h/cm	U/(m/s)	$Re/\times 10^5$	Fr
1	39	6.21	0.80	1.13	1.12
2	50	7.95	0.89	1.46	1.08
3	59	9.37	0.98	2.03	1.07
4	69	11.00	1.03	2.30	0.97
5	81	13.00	1.07	2.50	0.88

2.1.2 流速测量系统及后处理方法

本试验采用二维 PIV 激光测速系统测量，其组成主要包括 New Wave 研究公司生产的 Nd:YAG 激光器、DG645 脉冲发生器、Sensicam QE CCD 相机和计算机图像存储处理设备。相机分辨率为 1376×1040 像素。根据试验工况设置及仪器光路限制，PIV 测量域（$x \times y$）为 17cm×13.5cm。本次 PIV 试验为独立采样，每次拍摄采集一对粒子图像，相邻两帧时间间隔为 1ms，每张图片拍摄时的曝光时间为 $100\mu s$。拍摄时相机帧频为 4Hz，每次拍摄存储 400 张图像。各组试验均在晚上关灯条件下进行，以减小外界光源干扰。每次拍摄前在水槽进口处加入直径为 $11\mu m$ 的示踪粒子空心玻璃球，示踪粒子采用粒子分散器均匀加入。

PIV 测量采集得到的原始信息为各瞬时测量域内粒子图像，如图 2.1-3 所示。通过 Matlab 编写程序进行图像后处理，得到需要的流场数据。首先，对原始图像进行去背景、降噪和图像增强处理，然后选择合适大小的计算窗口，利用互相关算法计算相邻两次拍摄图像中粒子的位移，得到瞬时速度场。在此之后剔除瞬时速度场中的明显错误矢量，并进行 3 次样条插值处理，得到可供计算分析的瞬时速度场，如

图 2.1-4 所示。最后利用下式计算纵向平均速度及紊动强度:

$$u = \frac{\sum_1^{N_{ef}} \tilde{u}}{N_{ef}} \tag{2-1}$$

$$\sqrt{u'^2} = \sqrt{\frac{\sum_1^{N_{ef}} (\tilde{u} - u)^2}{N_{ef}}} \tag{2-2}$$

式中, u、$\tilde{u}$ —— x 方向平均流速和瞬时流速;

N_{ef} ——有效数据点个数。

在瞬时流场计算过程中,最关键的是计算窗口大小和计算方案的选取。这里计算方案指直接进行单一窗口的互相关计算还是基于计算窗口迭代进行互相关计算。测试表明,直接进行一次互相关计算的计算精度低,流场中错误矢量较多,紊动强度计算结果杂乱,因此试验后处理采用基于计算窗口迭代的方法计算。粒子图像互相关算法要求连续两张图片中,粒子位移不超过计算窗口的 1/4(Keane 和 Adrian,1992)。计算时首先采用 64×64 像素大小的计算窗口,然后将计算窗口缩小至 48×48 像素大小,并基于计算结果确定计算窗口位置,最后将计算窗口减小至 32×32 像素大小,不同大小计算窗口重叠率为 75%。试验水流流速较大,继续缩小窗口会导致窗口内没有足够多的粒子进行计算分析。因此,最后一次计算窗口尺寸确定为 32×32 像素,所得计算结果即为瞬时流场的初步结果。

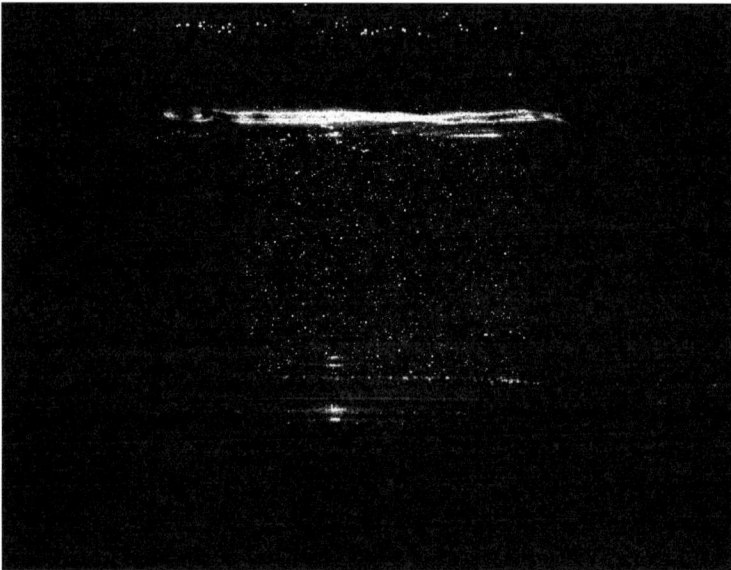

图 2.1-3 PIV 拍摄的原始粒子图像

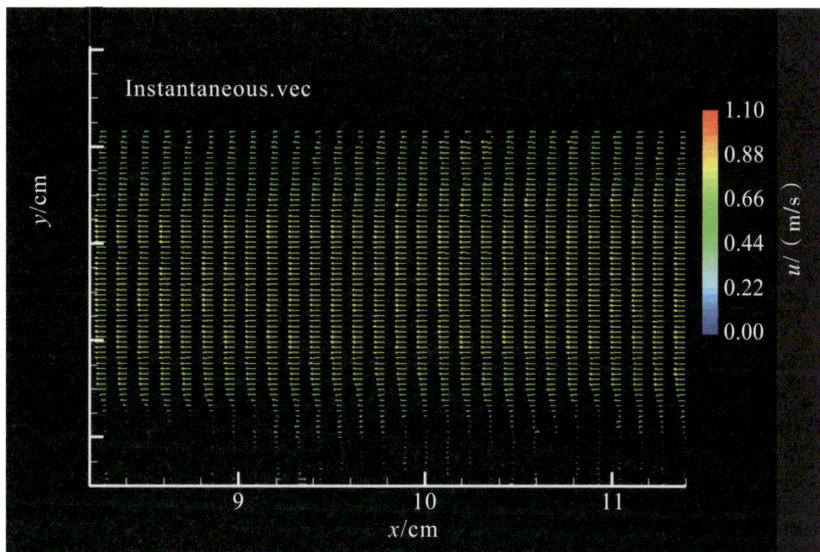

图 2.1-4　PIV 后处理所得瞬时流场

2.1.3　纵向流速分布

2.1.3.1　断面中垂线处纵向流速分布

各工况断面中垂线处纵向流速分布如图 2.1-5 所示,图中纵向流速用断面平均流速无量纲化。这里采用断面平均流速无量纲化,是因为从试验数据中很难准确甄别最大流速,若用最大流速无量纲化可能给结果呈现带来偏差。从图 2.1-5 中可以看出,壁面附近存在很大的流速梯度,符合充分发展紊流边界层普遍特征(Knight 和 Steriling,2000)。在工况 1 条件下($h/D=39\%$),最大流速位于测量有效范围的顶部;在其余各工况条件下,最大流速位于水面以下,表明渠道内存在二次流作用。充满度越大,最大流速出现的位置越低;最大流速位置以上区域,流速受抑制程度越大。最大流速大致位于相对水深 $y/h=0.5\sim0.6$ 处,低于矩形明渠均匀流中相应位置范围 $y/h=0.6\sim0.8$(Tominaga 等,1989)。根据试验结果推测,马蹄形隧洞均匀流中,不同充满度条件下二次流作用范围或强度有所不同。由于本试验采用的为二维 PIV,无法获得断面内二次流形态,二次流对流速分布的影响将通过数值模拟补充分析。

图 2.1-5 给出了对数坐标下工况 1、2、4 的流速分布情况,图中无量纲流速 $u^+=u/u_*$,无量纲距离 $y^+=y/(v/u_*)$。图 2.1-5、图 2.1-6 说明马蹄形隧洞均匀流中,相对水深 $0.2<y/h<0.5$ 范围内流速分布可用对数律表达,$y/h>0.5$ 范围受二次流影响,流速比对数律偏小。

图 2.1-5 中的各工况流速分布汇总图说明,对于工况 2～5,不同弗劳德数试验条

件下,相对水深 $0.2 < y/h < 0.5$ 范围流速分布形态类似,表明均匀流流速分布规律基本不受弗劳德数影响,不管水流为缓流还是急流状态。这与已有研究结论是一致的(陈启刚,2014;Ead 等,2000)。Auel 等(2014)试验得到,在矩形明渠急流中,弗劳德数对流速分布和紊动强度影响与宽深比的影响相比显著较小,且这种影响可能与弗劳德数增大引起的水流非均匀性有关(该作者试验条件为非均匀流)。由于明渠均匀流中弗劳德数对水流结构影响不显著,因此在本章研究中将各工况试验结果并列分析是可行的。

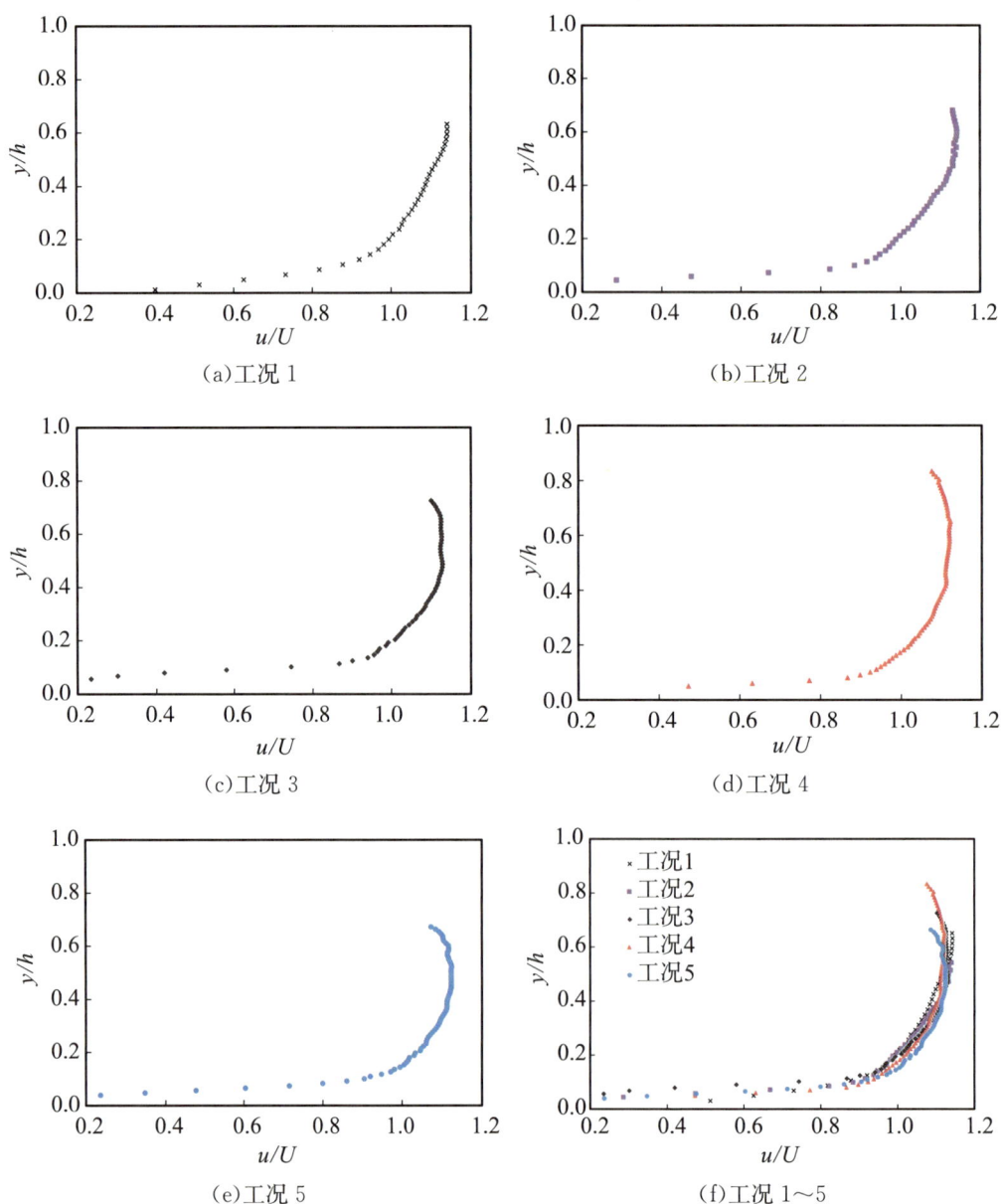

(a)工况 1　　　　　　　　　　(b)工况 2

(c)工况 3　　　　　　　　　　(d)工况 4

(e)工况 5　　　　　　　　　　(f)工况 1~5

图 2.1-5　各工况断面中垂线处纵向流速分布($z = 0$)

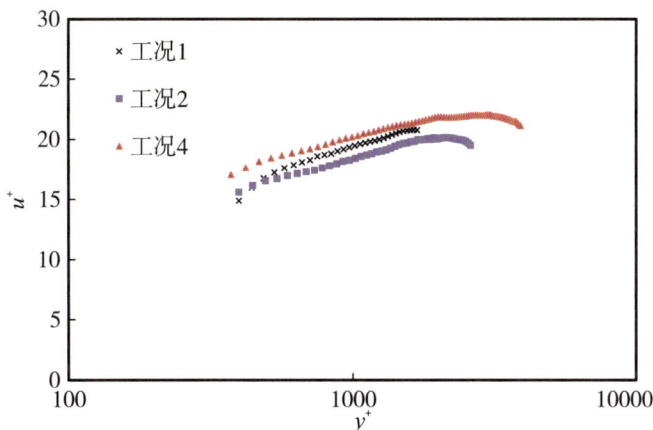

图 2.1-6 断面中垂线处纵向流速分布对数律(工况 1、2、4)

本试验各工况中最大流速与断面平均流速之比 $u_{\max}/U=1.12\sim1.15$;中垂线上质点流速等于断面平均流速的位置 $y_{av}/h=0.15\sim0.20$,且充满度越大,该位置越低,各工况 y_{av}/h 值列于表 2.1-2 中。Clark 和 Kehler(2011)试验得到粗糙圆形明渠缓流中,$u_{\max}/U=1.25\sim1.35$,且相对水深 $y/h<0.2$ 范围内水流流速小于断面平均流速;Knight 和 Sterling(2000)对试验数据插值,得到平底圆形明渠急流中,$u_{\max}/U=1.15\sim1.28$;Yoon 等(2012)对试验结果用最大熵函数拟合,得到光滑圆形明渠中 $u_{\max}/U=1.4\sim1.5$,且充满度越小时,$u_{\max}/U$ 越大。马蹄形明渠均匀流 $u_{\max}/U$ 试验值与圆形明渠试验值接近,也说明本试验结果的合理性。试验结果同时表明,用单点法监测马蹄形隧洞内输水流量时,应将测点布置在相对水深为 0.15~0.20 的位置。

表 2.1-2   中垂线上流速等于断面平均流速点的位置 y_{av}/h

类型	工况 1	工况 2	工况 3	工况 4	工况 5
y_{av}/h	0.209	0.209	0.198	0.174	0.148

本试验中遗憾的是,由于水流紊动较强,水面难免波动,因此 PIV 试验结果的有效水深范围 $y/h<0.8$,未能获得水面附近流场信息。水面附近流动特征测量可采用专门的水面 PIV 测量系统(Weitbrecht 等,2002),在试验室现有条件下难以实现。这里尝试采用合适的流速分布表达式获得完整的纵向流速分布。Guo 等(2014)提出了曲形明渠均匀流流速分布表达式,假设曲形明渠中流速在水面附近减小的现象可通过在垂向分布式中扣除 $(y/y_m)3$ 项描述(与矩形明渠中相同),其中 y_m 为最大流速位置;同时假设断面上流速的横向分布与垂向分布规律相同,得到:

$$\frac{u}{u_{*c}}=\frac{1}{\kappa}\ln\frac{y}{y_0}-\left(I_1-\frac{A}{2}\ln y_0-\frac{3A}{8\lambda}-\frac{\kappa Q}{2u_{*c}}\right)\frac{y^3}{\kappa I_2} \tag{2-3}$$

式中,u_{*c}——中垂线处摩阻流速;

λ——参数，$\lambda = u_{*c}/u_{*}$，在圆形明渠中其范围为 $0.99 \sim 1.16$（Berlamont 等，2003；Knight，Sterling，2000）；

y_0——理论床面高度，对于水力光滑渠道，$y_0 = v/(9u_{*c})$；

参数 I_1、I_2 分别由下式计算：

$$I_1 = \int_0^h z_b \ln y \, dy \qquad (2\text{-}4)$$

$$I_2 = \int_0^h z_b y^3 \, dy \qquad (2\text{-}5)$$

式中，z_b——某流体质点所在高度处的渠道半宽。

I_1、I_2 均可由数值积分求得。

λ 值取决于切应力分布，与断面形态及二次流有关（Berlamont 等，2003），因此这里将其作为待定参数，根据试验数据适配确定。测试结果表明，通过调整参数 λ，当中垂线上最大流速位于水面以下时，式(2-3)能在 $y/h > 0.1$ 范围内给出与试验数据较吻合的分布，但 λ 取值是否符合实际物理意义尚不得而知；当中垂线最大流速可能出现在水面时，如工况 1，式(2-3)需要明显小于经验范围的 λ 值，才能给出合理的分布，如图 2.1-7 所示。由于现有理论公式难以给出马蹄形隧洞均匀流准确合理的流速分布规律，2.3 节中将通过数值模拟手段对此进行补充分析。

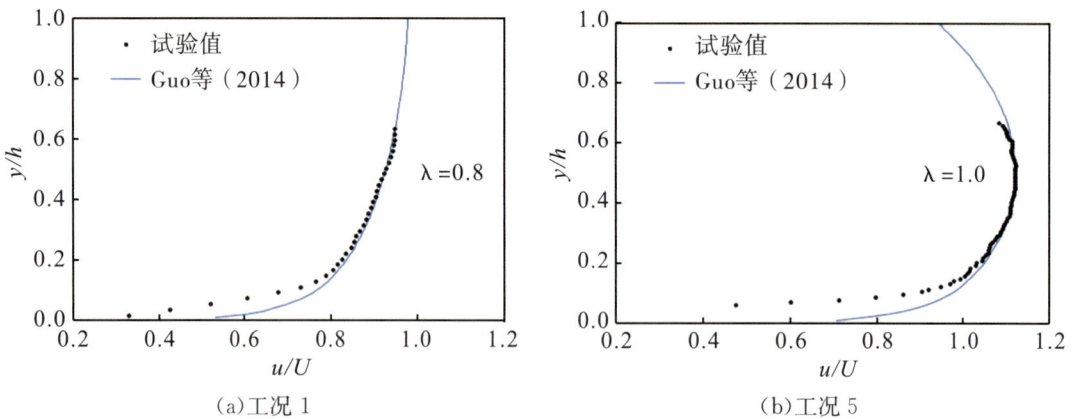

（a）工况 1   （b）工况 5

图 2.1-7　曲形明渠流速分布解析式适用性（Guo 等，2014）

2.1.3.2　横向不同位置处纵向流速分布

图 2.1-7 给出了不同充满度条件下，横向不同位置处纵向流速的垂向分布规律，图中纵坐标的垂向位置 y 指质点到横坐标为 z 的测线所在渠底的距离，流速和垂向位置分别用断面平均流速和局部水深 h_z 无量纲化，局部水深定义为横坐标为 z 处测线的水深。从图 2.1-8 中可以看出，越靠近侧壁，由于侧壁的阻力作用，整条测线流

速越小。在各工况中,z_6 测线垂向速度梯度最小,流速沿垂向分布更均匀,一方面说明侧壁阻碍流速充分发展,另一方面说明该测线范围附近可能存在向上运动的二次流,将下层水体输运至上方,促进上下层水体掺混,使流速分布更加均匀。各工况 z_2 和 z_4 测线处流速垂向分布均呈内凹状,最大流速均位于水面以下,表明该测线所在区域存在逆时针方向运动的二次流(断面 $z > 0$ 一侧内),将靠近侧壁处低流速水体向渠道中部输运,同时将水面附近流速大的水体输运至下方,使最大流速下潜。

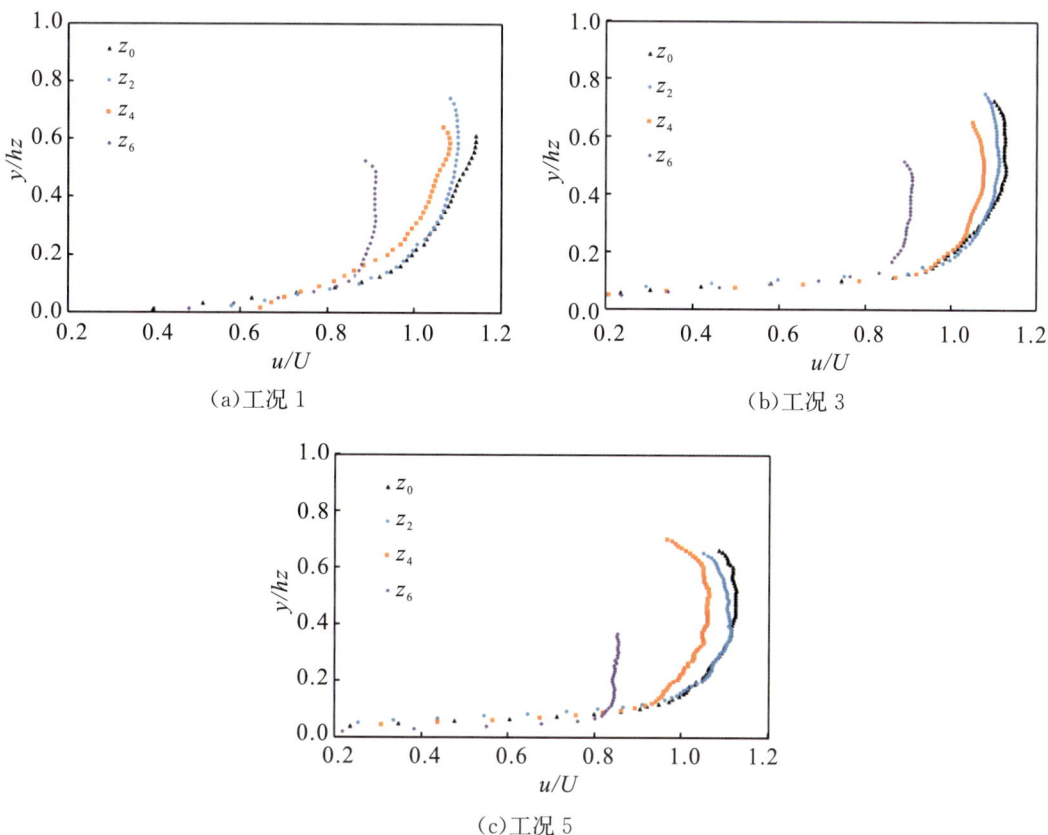

(a)工况 1 　　　　　　　　　　　　　　(b)工况 3

(c)工况 5

图 2.1-8　横向不同位置处纵向流速分布

2.1.4　纵向紊动强度分布

各工况断面中垂线处纵向紊动强度分布如图 2.1-9 所示,图中紊动强度用摩阻流速无量纲化。工况 2~5 无量纲化后的紊动强度分布基本重合,工况 1 无量纲化紊动强度比其余 4 组工况值大,表明在工况 1 的充满度条件下($h/D = 39\%$),水流紊动特性与其余 4 组($h/D \geqslant 50\%$)略有不同。壁面附近是紊动主要产生区域,紊动强度在此范围内随垂向位置上升而增加;在 $y/h > 0.1$ 范围,纵向紊动强度随 y/h 增大先减小再增加,其最小值出现在 $y/h = 0.6$ 附近。这同时也是纵向流速减小的位置,表明在水面附近纵向流速减小范围内（$0.6<y/h<1$）有紊动能产生。Nezu 和 Nakagawa（1993）提出用指数式(1-5)描述明渠非近壁区紊动强度分布，且宽浅型矩形明渠中 $D_u=2.3$，$\lambda_u=1.0$，该表达式在图 2.1-9 中一并绘出。同时，图 2.1-9 还给出了以指数函数形式拟合试验数据的结果。从图 2.1-9 中可以看出，指数表达式不适用于描述马蹄形隧洞均匀流纵向紊动强度的垂向分布。这说明紊动强度分布受到渠道断面形态影响。工况 1 紊动强度分布介于宽浅型矩形明渠和其余 4 组工况之间，表明当充满度较小、水深小于半径时，马蹄形隧洞水流紊动特性开始呈现矩形明渠中特征。

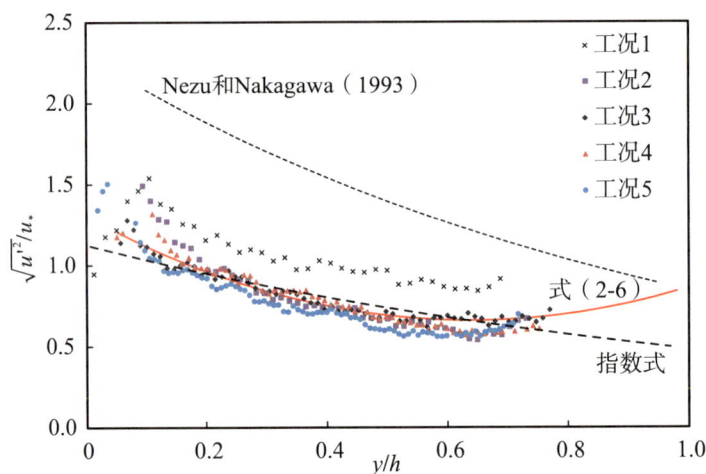

图 2.1-9 马蹄形隧洞断面中垂线处纵向紊动强度分布

由于指数式不能描述纵向紊动强度在水面附近增加的现象，这里采用二次多项式形式表达马蹄形明渠中紊动强度分布：

$$\sqrt{u'^2}/u_* = a(y/h)^2 - b(y/h) + c \qquad (2-6)$$

式中，a、b、c——参数，由试验数据拟合得到。

这里 $a=1.56$，$b=2.00$，$c=1.30$，拟合优度 $R^2=0.97$。

需要指出说明的是，以上对纵向紊动强度分布规律的分析虽均基于中垂线进行，但式(2-6)的二次多项式表达式对横向不同测线也适用，只是由于侧壁影响不同，参数取值不同。图 2.1-10 以工况 5 为例，给出了式(2-6)对 z_2 测线和 z_4 测线纵向紊动强度分布的适用性，这里没有给出 z_6 测线结果，是因为该测线有效测量深度范围小，代表性不强，仅通过式(2-6)能描述有效数据分布规律，认为对该测线适用，多不严谨。因此，马蹄形隧洞均匀流纵向紊动强度在 $z/R\leqslant0.5$ 范围内服从二次多项式分布，而在非常靠近侧壁处的适用性有待进行更精确的试验考证。

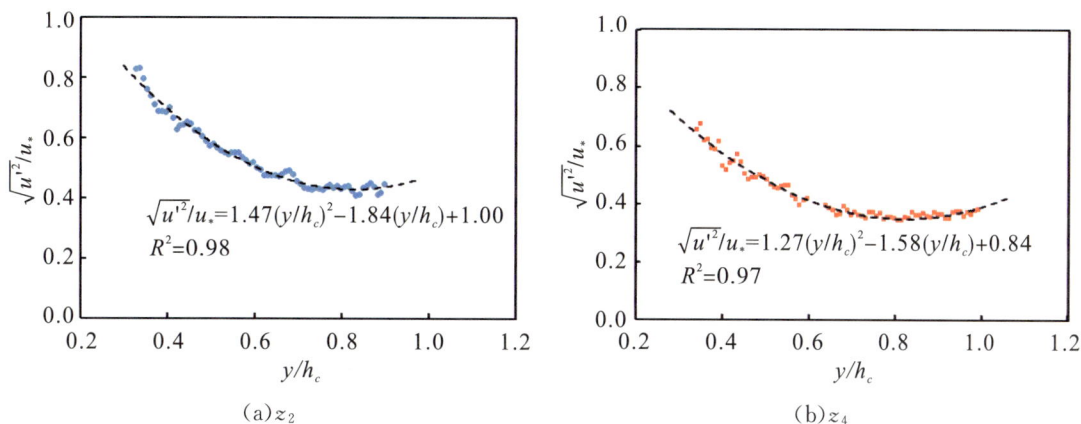

$$\sqrt{\overline{u'^2}}/u_* = 1.47(y/h_c)^2 - 1.84(y/h_c) + 1.00$$
$$R^2 = 0.98$$

$$\sqrt{\overline{u'^2}}/u_* = 1.27(y/h_c)^2 - 1.58(y/h_c) + 0.84$$
$$R^2 = 0.97$$

(a)z_2 (b)z_4

图 2.1-10　工况 5 横向不同位置处纵向紊动强度分布

2.2　曲形断面均匀流水动力性能仿真方法研究

通过试验确定无压隧洞均匀流流速分布需要耗费大量时间；采用二维测速系统测量时，横断面上流动参量难以获得，数值模拟是一种便捷的补充分析方式。为了模拟断面内第二类二次流对流速分布的影响，需要采取各向异性的紊流模型。本书提出一种适用于具有半圆形顶弧的曲形明渠均匀流模拟的改进雷诺应力模型 RSM。由于马蹄形隧洞均匀流相关试验资料不足，改进的雷诺应力模型首先在圆形明渠中做验证，然后再应用至马蹄形隧洞的研究。本小节介绍圆形明渠均匀流的计算比较情况，并分析圆形明渠流速分布规律和紊动特性，以及断面内二次流规律。

2.2.1　数学模型

恒定不可压紊流的基本方程为连续方程和雷诺方程：

$$\frac{\partial u_i}{\partial x_i} = 0 \tag{2-7}$$

$$u_j \frac{\partial u_i}{\partial x_j} = -\frac{1}{\rho}\frac{\partial p}{\partial x_i} + \frac{1}{\rho}\frac{\partial}{\partial x_j}\left(\mu\frac{\partial u_i}{\partial x_j} - \rho\overline{u'_i u'_j}\right) + f_i \tag{2-8}$$

式中，u_i 和 u'_i——沿 x_i 方向的时均速度和脉动速度；

　　p——时均压强；

　　ρ——水体密度；

　　μ——水体动力黏滞系数；

　　f_i——体积力，在 x_1、x_2、x_3 方向分别为 $g\sin\alpha$、$g\cos\alpha$ 和 0，其中 α 是渠道底面和水平面夹角，x_1、x_2、x_3 为沿水流纵向、垂向和横向方向。

采用雷诺应力模型封闭雷诺方程，式(2-8)中雷诺应力通过直接求解雷诺应力输移方程而得：

$$\frac{\partial}{\partial x_k}(\rho u_k \overline{u'_i u'_j}) = \left[\frac{\partial}{\partial x_k}\left(\frac{\mu_t}{\sigma_k}\frac{\partial \overline{u'_i u'_j}}{\partial x_k}\right) + \frac{\partial}{\partial x_k}\left(\mu \frac{\partial}{\partial x_k}(\overline{u'_i u'_j})\right)\right] - \frac{2}{3}\delta_{ij}\varepsilon - P_{ij} + \varphi_{ij}$$

$$(2\text{-}9)$$

式中，μ_t——紊动动力黏滞系数；

δ_{ij}——克罗内克符号；

σ_k——经验常数，$\sigma_k = 1$；

P_{ij}——压应力产生项，可通过下式计算：

$$P_{ij} = \rho\left(\overline{u'_i u'_k}\frac{\partial u_j}{\partial x_k} + \overline{u'_j u'_k}\frac{\partial u_i}{\partial x_k}\right) \qquad (2\text{-}10)$$

ε 为紊动能耗散率，通过求解其输移方程而得：

$$u_j\frac{\partial \varepsilon}{\partial x_j} = \frac{\partial}{\partial x_j}\left(c_\mu \frac{k^2}{\varepsilon}\frac{\partial \varepsilon}{\partial x_j}\right) - c_{\varepsilon 1}\frac{\varepsilon}{k}\overline{u'_i u'_j}\frac{\partial u_i}{\partial x_j} - c_{\varepsilon 2}\frac{\varepsilon^2}{k} \qquad (2\text{-}11)$$

式中，c_μ、$c_{\varepsilon 1}$、$c_{\varepsilon 2}$——模型常数，$c_\mu = 0.09$，$c_{\varepsilon 1} = 1.44$，$c_{\varepsilon 2} = 1.92$。

式(2-9)方程右边前两项分别表示紊动扩散和紊动耗散；最后一项为压应力重分布项，体现了脉动压力和应变的相互作用，可通过线性模型计算：

$$\varphi_{ij} = \varphi_{ij,1} + \varphi_{ij,2} + \varphi_{ij,wall} + \varphi_{ij,surface} \qquad (2\text{-}12)$$

式中，$\varphi_{ij,1}$——脉动速度相互作用；

$\varphi_{ij,2}$——脉动速度和时均应变相互作用；

$\varphi_{ij,wall}$ 和 $\varphi_{ij,surface}$——反映固壁和水面边界的反射作用。

这四项分别通过下式求解（Launder 等，1975；Younis，1982）：

$$\varphi_{ij,1} = -c_1\rho\frac{\varepsilon}{k}\left(\frac{\overline{u_i u_j}}{k} - \frac{2}{3}\delta_{ij}\right) \qquad (2\text{-}13)$$

$$\varphi_{ij,2} = -c_2\left[\left(P_{ij} - \frac{\partial}{\partial x_k}(\rho u_k \overline{u_i u_j})\right) - \frac{2}{3}\left(\delta_{ij}\overline{u_i u_j}\frac{\partial u_i}{\partial x_j}\right)\right] \qquad (2\text{-}14)$$

$$\varphi_{ij,wall} = c'_1\frac{\varepsilon}{k}\left(\overline{u_k u_m}n_k n_m\delta_{ij} - \frac{3}{2}\overline{u_i u_k}n_j n_k - \frac{3}{2}\overline{u_j u_k}n_i n_k\right)\frac{c_l k^{3/2}}{\varepsilon d}$$
$$+ c'_2\left(\varphi_{km,2}n_k n_m\delta_{ij} - \frac{3}{2}\varphi_{ik,2}n_j n_k - \frac{3}{2}\varphi_{ij,2}n_i n_k\right)\frac{c_l k^{3/2}}{\varepsilon d} \qquad (2\text{-}15)$$

$$\varphi_{ij,surface} = c''_1\frac{\varepsilon}{k}\left(\overline{u'^2_n}\delta_{ij} - \frac{3}{2}\overline{u'_n u'_i}\delta_{nj} - \frac{3}{2}\overline{u'_n u'_j}\delta_{ni}\right)f_{surface}$$
$$+ c''_2\left(\varphi_{nn,2}\delta_{ij} - \frac{3}{2}\varphi_{ni,2}\delta_{nj} - \frac{3}{2}\varphi_{nj,2}\delta_{ni}\right)f_{surface} \qquad (2\text{-}16)$$

式中，c_1、c_2、c'_1、c'_2、c_l——参数，$c_1 = 1.8$，$c_2 = 0.6$，$c'_1 = 0.5$，$c'_2 = 0.3$，$c_l = c_\mu^{3/4}/\kappa$；其中 κ——卡门常数，$\kappa = 0.4187$。

矩形明渠均匀流模拟时,常数 $c''_1=0.5$,$c''_2=0.1$,且该值同时也适用于弧底矩形明渠模拟(Christensen,Fredsoe;1998),因此当圆形明渠内充满度不超过 50% 时,c''_1、c''_2 取值仍然适用。当充满度超过 50% 时,内凹形侧壁将改变紊动能在各方向分配,c''_1、c''_2 值需要重新确定,将在下一小节中详细介绍。水面邻近函数 $f_{surface}$ 由下式计算(Naot,Rodi;1982):

$$f_{surface}=\left[\frac{l}{<\frac{1}{x_2{}^2}>^{-0.5}+0.16l}\right]^2 \tag{2-17}$$

式中,l——紊动特征长度,$l=c_l k^{3/2}/\varepsilon$;

$<1/x_2{}^2>$——平均距离,在柱坐标下计算(Dunbar,1997):

$$<\frac{1}{x_2{}^2}>=\frac{2}{\pi}\int_0^{2\pi}\frac{\mathrm{d}\theta}{s^2} \tag{2-18}$$

式中,s—— 所计算的流体质点到水面边界处任一点的直线距离,如图 2.2-1 所示。

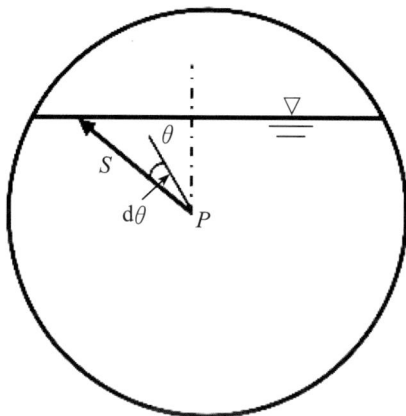

图 2.2-1　流体质点 P 到水面平均距离计算示意图

2.2.2　水面作用模化方法

2.2.2.1　模型常数的重新确定

受曲形侧壁影响,圆形明渠内水面附近紊动强度分布与矩形明渠中不同,相应地,紊动能在 x_i 各方向分配比也有所不同(Clark,Kehler,2011;Kim 等,2011)。随着水深增加,水面宽度减小,水面对紊动能的重分布作用减弱。对于更极端的情况,当水深增加至满流状态时,水面作用消失。为了更准确模拟出水面附近各方向紊动强度大小,需对式(2-16)中参数 c''_1、c''_2 做校正。当圆形明渠内充满度 $h/D>50\%$ 时,引入折减系数 $f_c=c''_{1c}/c''_1$,其中下标 c 表示对应圆形明渠情况。水面重分布减弱效应与充满度之间呈非线性关系,因此,这里采用对数函数形式表示 f_c:

$$f_c = a\ln(h/D) + b \tag{2-19}$$

式中，a、b——待定参数。

根据 Clark 等(2011)和 Hoohlo(1994)在圆形明渠中试验结果，由水面附近紊动能在 x_i 各方向分配比例，可得 $a = -1.5$，$b = 0$。显然，在满流情形下，$h/D = 1$，$f_c = 0$；当圆形明渠充满度为 50% 时，$f_c \approx 1$。

2.2.2.2　水面边界条件

将水面边界视作一对称面，对除紊动能耗散率外流动变量均采用刚盖假定处理，即垂直于水面流速为零，平行于水面流速、紊动能及各雷诺应力分量沿水面法线方向导数为零。由于明渠均匀流水面附近紊动能耗散率增大，采用下式计算水面边界处紊动能耗散值(Naot，Rodi；1982)：

$$\varepsilon_s = \frac{c_\mu^{3/4}}{\kappa} k_s^{3/2} \left(\frac{1}{x_2'} + \frac{1}{x_2^*} \right) \tag{2-20}$$

式中，x_2——$x_2' = ch$，考虑弧形渠底影响。其中，h 为所取流体质点所在垂线处水深；c 为经验参数，确定依据是使计算得到的水面处紊动能与测量值相等(Celik，Rodi；1984)。

在矩形明渠中 $c = 0.07$(Nezu，2005)；在圆形明渠中，根据 Clark 和 Kehler(2011)试验结果，取 $c = 0.17$。x_2^* 为流体质点到边壁的最短距离，此项作用是保证水面和固壁边界条件间有光滑过渡。

2.2.3　数值计算方法

采用计算流体力学软件 Fluent 模拟圆形明渠均匀流。各变量离散求解均基于二阶迎风格式，压力—速度耦合选用 SIMPLEC 算法。Fluent 提供的紊流模型中，有雷诺应力模型可供选择，并可勾选固壁边界反射作用，但不能考虑水面边界的反射作用，因此这里采用用户自定义函数(UDF)将水面反射项作为源项加入雷诺应力输运方程中，通过变量数值调整功能，给出水面边界处紊动能耗散率。

由于明渠断面形态关于中垂线轴对称，为提高计算效率，这里只模拟一半宽度的明渠，中轴面采用对称边界条件。进口、出口分别给速度进口、压力出口边界条件，出口压力为大气压。固壁采用无滑移边界条件，通过标准壁面函数求解。

2.2.4　模型验证结果

模型采用 Yoon 等(2012)光滑圆形明渠均匀流试验和 Kehler(2009)波纹金属圆管均匀流试验结果进行验证。在 Yoon 等(2012)试验中，圆形明渠直径为 0.05m，底坡为 0.00258，工况参数见表 2.2-1 中工况 1～4；在 Kehler(2009)试验中，圆管直径

0.8m,底坡为 0.00028,圆管环状波纹尺寸为 13mm×68mm,模拟时可将其视作粗糙圆管,粗糙度 $k_s=13$mm(Clark 等,2014),工况参数见表 2.2-1 中工况 5。所取两个模型具有不同几何尺度和壁面条件,以增强代表性。表 2.2-1 中 h 为中垂线处水深,D 为圆形渠道直径,U_1 为断面平均流速,$u_{1,\max}$ 为纵向最大流速,$x_{2,\max}/h$ 为纵向最大流速的垂向位置,Re 为雷诺数,Fr 为弗劳德数,We 为韦伯数,$We=\rho U_1^2 D_h/\sigma$,其中 $D_h=A/B$ 为水力深度,A 为过流面积,B 为水面宽度,σ 为表面张力系数。各工况水流均为紊流、缓流,充满度 h/D 变化范围为 40%~80%,可以分别体现低充满度和高充满度的影响(以充满度 50% 为界划分)。所有渠道长度均足够长,以保证水流充分发展。直角坐标系原点位于渠道进口断面中垂线底端,x_1、x_2、x_3 分别为沿水流纵向、垂向和横向方向(图 2.2-2)。

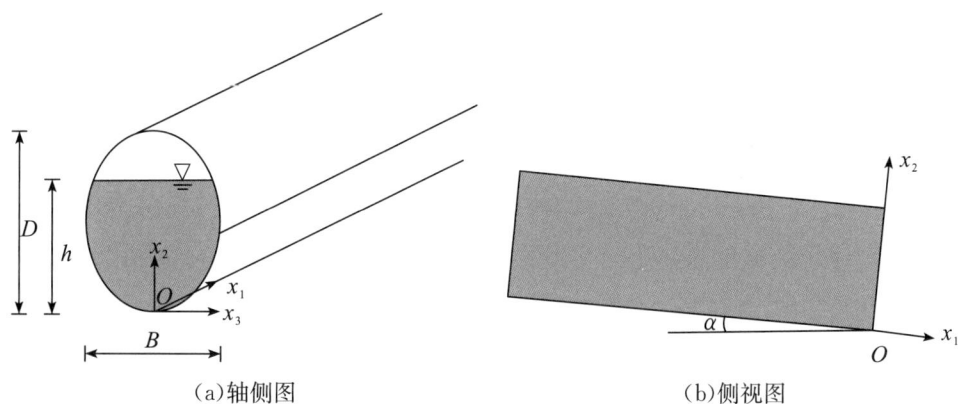

(a)轴侧图   (b)侧视图

图 2.2-2   圆形明渠模型示意图

表 2.2-1   圆形明渠均匀流模拟工况参数

工况	h	$U_1/(\text{m/s})$	$Re/\times10^4$	Fr	We	$u_{1,\max}$	$x_{2,\max}/h$
1	40% D	0.208	0.9	0.54	8.5	0.277	1.00
2	60% D	0.264	1.4	0.53	23.4	0.322	0.60
3	70% D	0.282	1.7	0.50	35.7	0.327	0.55
4	80% D	0.284	1.7	0.44	47.0	0.339	0.48
5	61% D	0.265	9.8	0.13	400	0.333	0.60

模型网格划分采用 Gambit 软件完成。各模型计算域均采用六面体棱柱网格划分,计算效率和可靠度高。各工况横断面 $x_2 \sim x_3$ 上网格数分别为 40×40、40×34、50×30、54×34、50×40。将工况 2 中网格数加密至 1.5 倍,计算所得最大纵向流速大小及其位置与加密前差值分别为 0.08% 和 2.6%,表明网格无关性良好。

将圆形明渠内水流充分发展断面中垂线 $x_3/D=0$ 处流速分布计算结果与试验值比较,工况 1~4 结果如图 2.2-3(a)所示,工况 2 和工况 5 结果如图 2.2-4 所示。工况 2 和工况 5 充满度均在 60% 左右,但模型尺寸不同,将两者放在一起比较,以说明改进 RSM 模型对不同尺度曲形明渠均匀流的适用性。图 2.2-3(a)中流速用最大纵向流速 $u_{1,\max}$ 无量纲化,工况 2～4 数据依次向右移动 1 个单位,以使视图更清晰;图 2.2-4 中流速用摩阻流速 u_* 无量纲化,u_* 根据渠底附近流速分布由对数律拟合得到。从图 2.2-3(a)和图 2.2-4 可以看出,数值模拟结果与试验结果吻合良好,尤其是水面附近流速减小的现象,用本节提出的改进 RSM 模型可以很好地模拟出。

为了进一步说明改进 RSM 模型模拟流速分布的效果,图 2.2-3(b)、图 2.2-3(c)分别比较了用改进 RSM 模型与原 RSM 模型(以下称为 Rodi 模型)对工况 1 和工况 4 的计算结果,图 2.2-3(b)、图 2.2-3(c)基于图 2.2-3(a)调整了横坐标范围,以使不同模型计算结果差异更清晰。在工况 1 中,最大流速位于水面表面,此时改进 RSM 模型与 Rodi 模型均可以准确模拟出垂向流速分布;在工况 4 中,最大流速位于水面以下,此时改进 RSM 模型仍可准确模拟出垂向流速分布,但 Rodi 模型在水面附近计算的流速偏小。这是因为 Rodi 模型的水面边界条件式(2-20)中,模型常数 $c=0.07$ 是根据矩形明渠试验结果而得,对于圆形明渠,该取值偏小。这将导致给定水面处的紊动能耗散率偏大,水流能量耗散更大,流速偏小。图 2.2-3 中还可以看出,水深越大,Rodi 模型的流速分布预测结果与实际结果差别越大,因此,精确模拟圆形明渠内流速分布,尤其是水面附近流速分布,需要采用改进 RSM 模型。鉴于此,本书中将利用改进 RSM 模型对工况 1～4 的模拟结果,对圆形明渠均匀流流速分布及紊动特性进行分析。

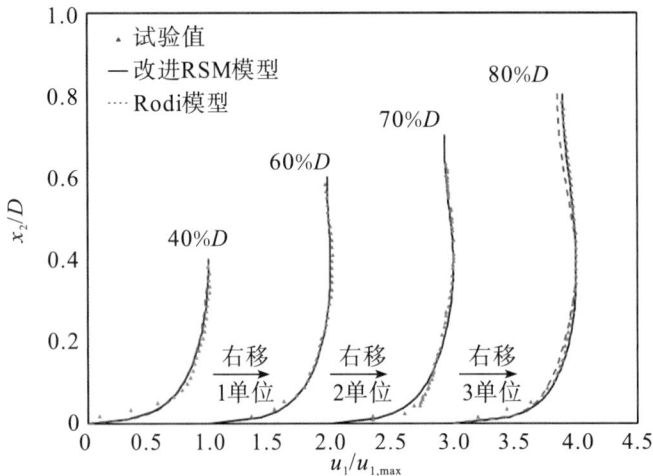

(a)工况 1～4

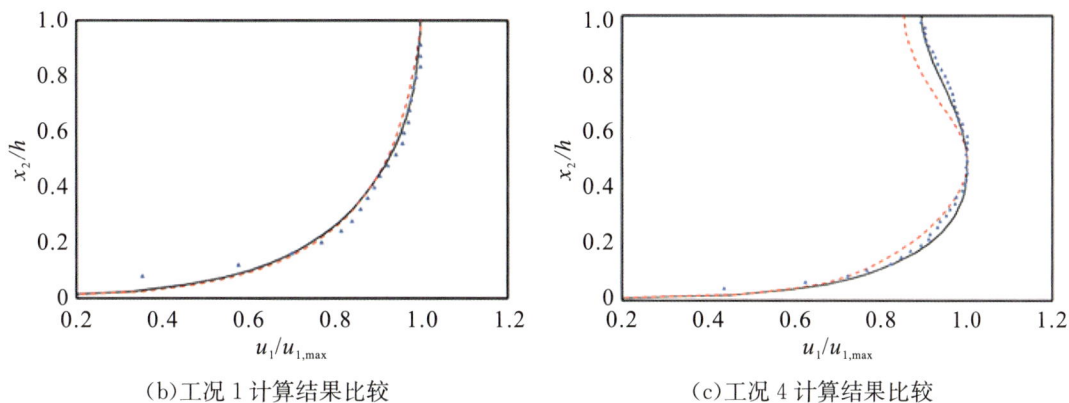

(b)工况 1 计算结果比较   (c)工况 4 计算结果比较

图 2.2-3   圆形明渠断面中垂线处纵向流速分布($x_3/D=0$)

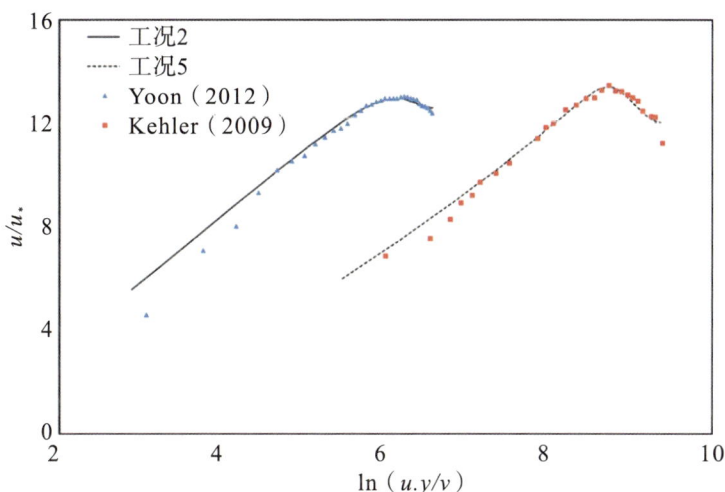

图 2.2-4   圆形明渠断面中垂线处纵向流速分布计算值与试验值比较(工况 2、5)

2.2.2 节中指出,式(2-20)中经验参数 c 的确定依据是使计算得到的水面处紊动能与测量值相等,图 2.2-5 比较了 $c=0.07$ 和 $c=0.17$ 时,工况 5 中紊动能分布情况。这里只选取了工况 5 作比较是因为未能获得工况 1~4 的紊动能分布试验数据。从图 2.2-5 可以看出,当 $c=0.17$ 时,水面附近紊动能计算值比试验值偏低;而当 $c=0.07$ 时,水面附近紊动能计算值与试验值吻合良好。Naot 和 Rodi(1982)研究表明,矩形明渠均匀流模拟时 $c=0.07$,Kang 和 Choi(2006)研究进一步验证了该取值对矩形明渠均匀流模拟的适用性。但尚未有学者对圆形明渠均匀流中 c 取值的合理性做相关验证性研究。通过工况 1~4 的计算分析表明,圆形明渠均匀流数值模拟时,经验参数 c 对流速分布计算结果的影响与充满度有关。当充满度小于 50％时,流速分布计算结果对经验参数 c 值不敏感;当充满度不小于 50％时,经验参数 c 值将影响流速分布计算结果,尤其是水面附近流速分布结果,且充满度越大,c 值影响越大(图 2.2-3)。因此,在难以获取紊动能分布试验结果的情况下,可以通过比较流速分布的结果来确定经验参数 c 值的合理性。通过试算表明，当 $c=0.17$ 时，各工况流速分布计算值与试验值均吻合良好，因此圆形明渠均匀流模拟时，经验参数 c 值宜取 0.17。

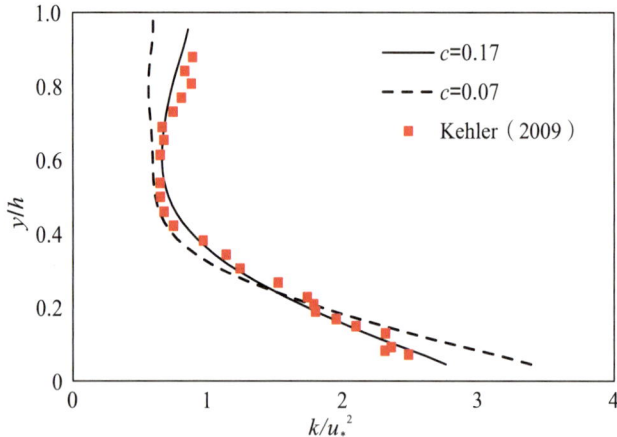

图 2.2-5　在不同经验参数 c 值情况下紊动能分布比较

值得说明的是，当圆形明渠的直径很小时，模型可能包含尺寸效应。当模型中水深大于 0.015m，韦伯数大于 11 时，表面张力的影响可以忽略（Peakall 和 Warburton，1996）。在工况 1 中，水流韦伯数不满足此条件，但 Yoon 等（2012）指出其试验中重力与表面张力引起的压力脉动很小，因此尽管表面张力作用不能完全忽略不计，但其影响不足以改变水流流速分布及紊动特性规律。此外，表面张力对紊动的主要影响在于，当水流弗劳德数 $Fr<0.2$ 时，若表面张力很大，抑制了水面波动，水面对垂向紊动强度的抑制作用将增强（Nezu，Nakagawa；1993），而工况 1 中 $Fr=0.54>0.2$，因此尽管模型尺寸很小，但 2.2.5 节至 2.2.8 节对圆形明渠均匀流水动力特性的讨论分析仍具有普遍代表意义。

2.2.5　纵向流速分布

由图 2.2-3 和图 2.2-4 可知，在圆形明渠均匀流中，中垂线上相对水深 $0.2<x_2/h<0.5$ 处，流速分布仍然符合对数分布。当充满度 $h/D>50\%$ 时，受断面内二次流影响，$x_2/h>0.5$ 处流速分布不再遵循对数分布律，最大流速位于水面以下；当充满度 $h/D<50\%$ 时，最大流速仍位于水面。图 2.2-6 给出了圆形明渠横断面纵向流速分布等值线图，其中流速用断面上最大纵向流速 $u_{1,\max}$ 无量纲化。从图 2.2-6 中可以更清楚地看出，当 $h/D>50\%$ 时，最大流速位于水面以下的现象，且水深越大，最大流速位置越低，其值列于表 2.2-1 中。

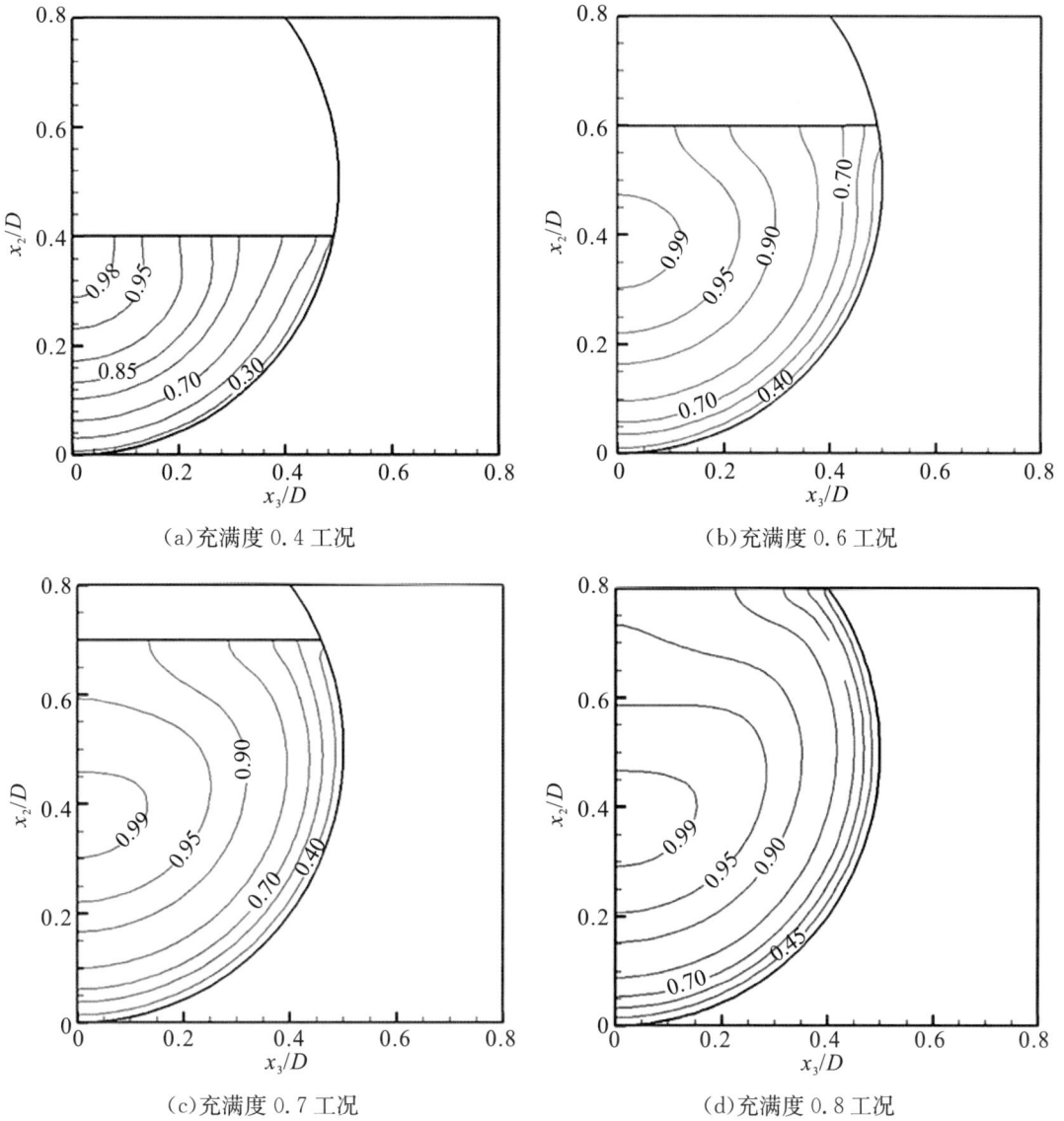

（a）充满度 0.4 工况

（b）充满度 0.6 工况

（c）充满度 0.7 工况

（d）充满度 0.8 工况

图 2.2-6　圆形明渠横断面纵向流速分布 $u_1/u_{1,\max}$ 等值线

2.2.6　二次流规律

明渠二次流流速大小根据下式计算而得：

$$u_{sec} = \sqrt{u_2^2 + u_3^2} \tag{2-21}$$

式中，u_{sec}——二次流流速大小。

圆形明渠中最大二次流流速大小及相应位置见表 2.2-2。

表 2.2-2　　　　　　　　　圆形明渠中最大二次流流速大小及相应位置

h	$u_{sec,m}/u_{1,max}$	位置$(x_2/h,x_3/(B/2))$
$40\%D$	0.030	$(1,1)$
$60\%D$	0.038	$(1,0.5)$
$70\%D$	0.044	$(1,0.533)$
$80\%D$	0.045	$(1,0.667)$

计算结果表明，圆形明渠中最大二次流流速为$(0.03\sim0.045)u_{1,max}$，且水深越大，最大二次流流速越大。这是因为当充满度大于50%时，随着水深增加，内凹形侧壁会加强二次流作用。研究表明，矩形明渠均匀流中最大二次流流速为$(0.02\sim0.03)u_{1,max}$（Tominaga 等，1989；Nezu，Rodi，1985）。这也意味着在内凹形侧壁作用下，圆形明渠中二次环流比矩形明渠中强。

明渠均匀流断面上纵向流速分布与二次流形态有关。不同充满度条件下断面内二次流形态见图 2.2-7。由图 2.2-7 中可以看出，在充满度为$40\%\sim80\%$范围时，圆形明渠断面内均存在二次流。在各工况中，断面一侧均存在一主涡 A；当充满度为40%和60%时，侧壁与水面交界处还有一范围很小的，与主涡旋转方向相反的内部涡 B。在内部涡 B 作用下，流速分布等值线图在侧壁与水面交界处向外凸。主涡 A 将侧壁附近低流速水体输运至渠道中部，将渠道中部水面附近流速大的水体输运至下方，当主涡 A 尺度或强度足够时，断面中垂线处最大流速下潜。在不同充满度条件下，受侧壁形态影响，主涡 A 的尺度或强度有所不同。图 2.2-8 给出了充满度为40%和80%，横断面上纵向涡Ω_x的等值线图，图中蓝色和红色区域分别代表负涡量和正涡量，纵向涡$\Omega_x=\partial u_3/\partial x_2-\partial u_2/\partial x_3$。从图 2.2-8 中可以看出，水面附近大部分区域为负涡，表示主涡 A；当充满度为40%时，水面与侧壁交界处的正涡，表示内部涡 B。从等值线图中涡量分布及大小，结合表 2.2-2 中最大二次流流速大小可知，当充满度大时，二次流强度更强，中垂线处流速分布受影响越大。因此，尽管各充满度条件下均存在主涡 A，当充满度较大，为$60\%\sim80\%$时，中垂线处最大流速位于水面以下；当充满度为40%时，最大流速仍位于水面。

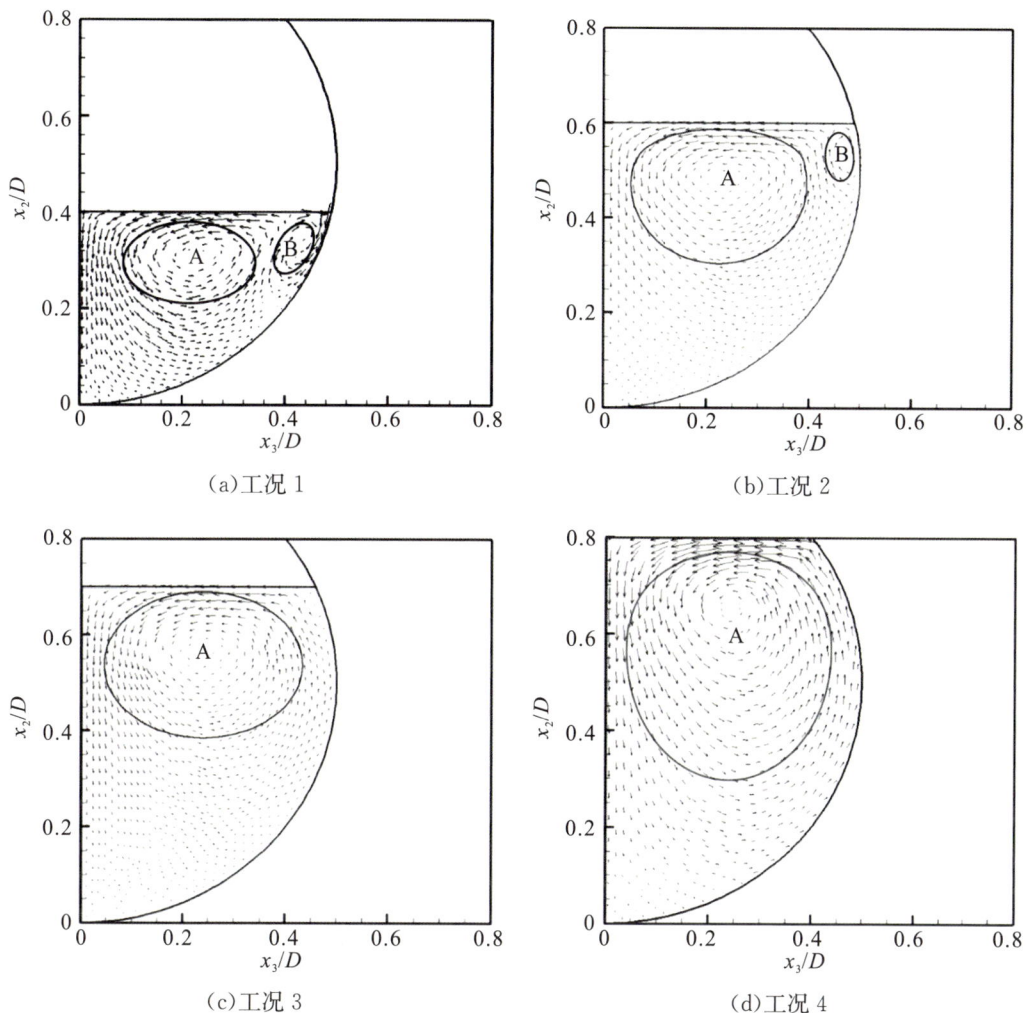

(a)工况 1

(b)工况 2

(c)工况 3

(d)工况 4

图 2.2-7 圆形明渠不同充满度条件下断面内二次流形态

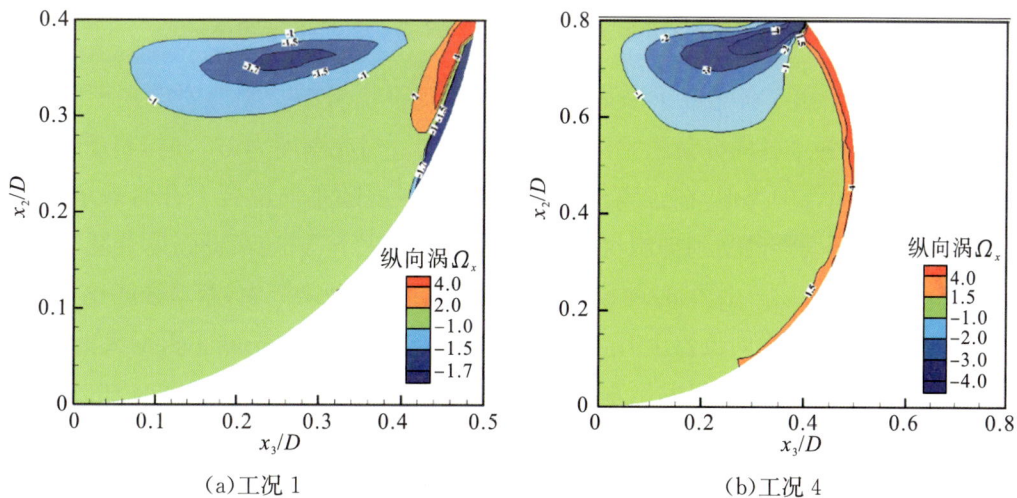

(a)工况 1

(b)工况 4

图 2.2-8 圆形明渠断面内纵向涡等值线

2.2.7 雷诺正应力及紊动强度分布

由于水面会抑制垂向脉动,在紊动能重分布作用下,纵向和横向紊动强度可能增加。横向与垂向雷诺正应力的差异是第二类二次流产生的主因,图 2.2-9 给出了工况 1 和工况 4 中 $(\overline{u_3'^2}-\overline{u_2'^2})/(u_{1,\max}^2/10^3)$ 分布等值线。从图 2.2-9 中可以看出,渠底及水面附近 $(\overline{u_3'^2}-\overline{u_2'^2})$ 增加,但水面附近 $(\overline{u_3'^2}-\overline{u_2'^2})$ 比渠底附近小,表明水面对垂向脉动的抑制作用弱于固壁作用。Tominaga 等(1989)报道了矩形明渠中 $(\overline{u_3'^2}-\overline{u_2'^2})$ 存在类似分布,但圆形明渠与矩形明渠中二次流形态仍有明显差异(图 1.2-3、图 2.2-7),说明二次流的形成与发展不仅与紊动各向异性有关,还和渠道几何形态有关。

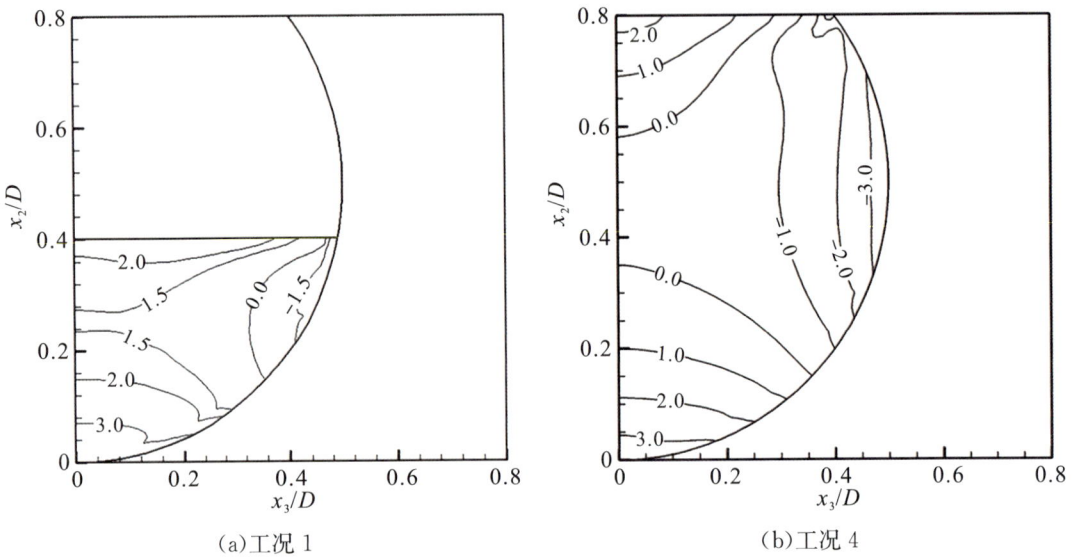

(a)工况 1　　　　　　　　　　　(b)工况 4

图 2.2-9　圆形明渠断面内 $(\overline{u_3'^2}-\overline{u_2'^2})/(u_{1,\max}^2/10^3)$ 分布等值线

图 2.2-10 给出了各工况下断面中垂线处紊动强度分布。圆形明渠在不同充满度条件下,紊动强度各向分量的垂向分布规律不同。当充满度为 40% 时,紊动强度分布规律与矩形明渠中类似,在远离壁面区域,紊动强度随垂向位置上升而减小;水面附近由于垂向紊动强度受到抑制,在紊动能重分布作用下,横向紊动强度衰减明显减弱。当充满度为 60%~80% 时,内凹形侧壁促使更多紊动能产生,紊动强度也相应有所增加。因此,随着垂向位置上升,纵向和横向紊动强度呈现先减小再增大的趋势。在纵、横向紊动强度开始增加处,垂向紊动强度衰减开始减弱,当充满度为 80% 时,甚至出现增加的趋势;在水面附近,垂向紊动强度受到水面的抑制作用而明显减小。当充满度越大时,水面处垂向紊动强度越大。在垂向位置 $x_2/D<0.3$ 处,不同充满度条件下,无量纲化后的紊动强度分布落于同一范围内。模拟得到的紊动强度垂向分

布趋势与 Nalluri 和 Novak(1973)、Clark 和 Kehler(2011)、Kim 等(2011)在圆形明渠
中试验测量结果类似。

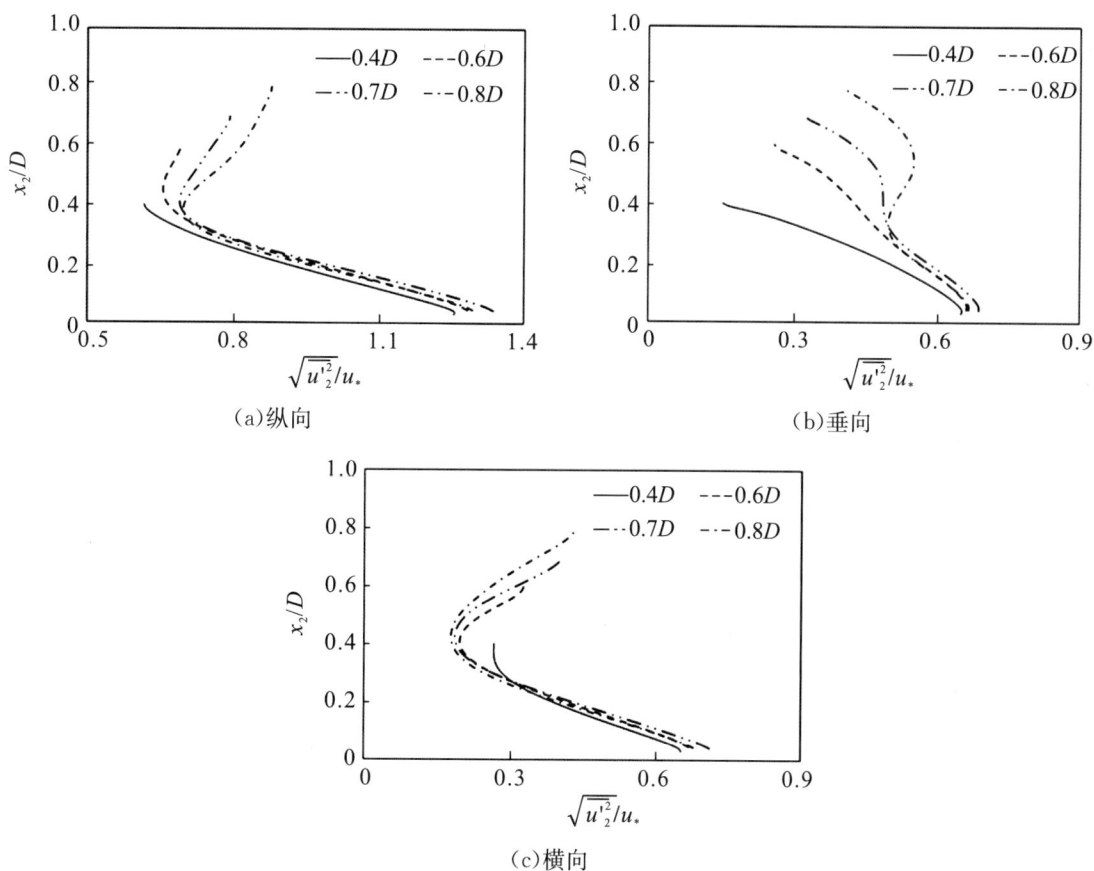

(a)纵向

(b)垂向

(c)横向

图 2.2-10　圆形明渠中垂线处紊动强度分布

　　为进一步了解水面附近紊动能重分布情况,计算中垂线相对水深 $x_2/h = 0.9$ 处,
各向 $u_i'^2$ 占 $2k$ 的比例,并将工况 2～4 的计算结果的平均值列于表 2.2-3 中,其中紊
动能 $k = (u_1'^2 + u_2'^2 + u_3'^2)/2$。表 2.2-3 中还罗列了其他学者圆形明渠均匀流的试验
结果。为了便于比较,矩形明渠中试验值也一并列入。由表 2.2-3 可知,改进 RSM
模型的计算结果与试验结果相近,进一步验证了本模型的可靠性;Rodi 模型计算的
紊动能在横向上分配比例偏大,纵向上分配比例偏小。三维和二维(宽深比充分大)
明渠中结果的差异说明了水面具有促使附近紊动能重分布作用;圆形与矩形明渠中
结果的差异说明内凹形侧壁会改变水面附近紊动能重分布。

表 2.2-3 圆形与矩形明渠均匀流水面附近 $\overline{u_i'^2}/(2k)$ 值

数据来源	工况	$\overline{u_1'^2}/(2k)$	$\overline{u_2'^2}/(2k)$	$\overline{u_3'^2}/(2k)$
改进 RSM 模拟	圆形明渠(h/D＝60%～80%)	0.51	0.10	0.39
Rodi 模型模拟	圆形明渠(h/D＝60%～80%)	0.42	0.11	0.47
Clark 和 Kehler(2011)	圆形明渠(h/D＝65%)	0.49	0.10	0.41
Kimet 等(2011)	圆形明渠(h/D＝80%)	$\overline{u_1'^2}/\overline{u_2'^2}$＝5.1		
Imamoto(1988)	矩形明渠(B/h＝5)	0.53	0.11	0.36
Nezu(1993)	矩形明渠(B/h 充分大,视作 2D)	0.55	0.17	0.28

2.2.8 涡黏性系数分布

在水面边界处,大涡从水面下撞击自由液面后产生扭曲变形,其垂向尺度减小(Nezu,Nakagawa;1993);同时,由于水面会抑制水体垂向脉动,基于混合长度理论分析知水面附近涡黏性系数减小。图 2.2-11 给出了涡黏性系数的垂向分布情况,图中涡黏性系数用 $R_h u_*$ 无量纲化。涡黏性系数分布接近抛物形,且充满度越大,水面附近涡黏性系数越大。这说明随着充满度增加,在侧壁作用下,水面附近紊动能产生增加,与从紊动强度角度分析所得结论一致。同时,随着充满度增加,水面的抑制作用减弱,水面附近大涡扭曲变形减弱,因此水面附近涡黏性系数在低充满度情况下更大。

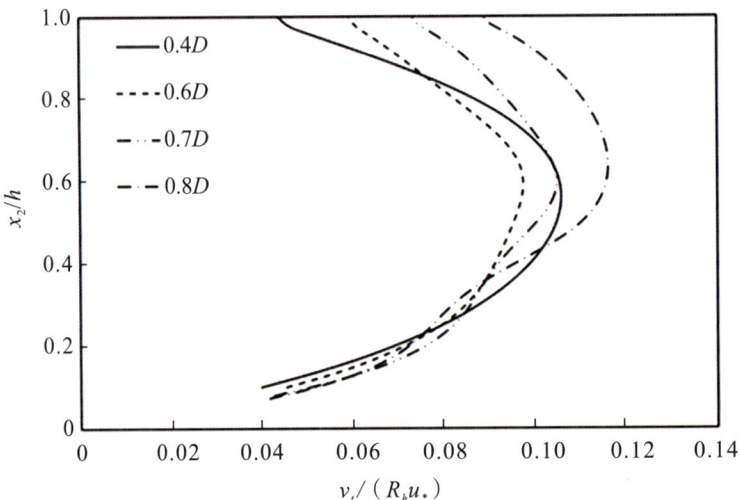

图 2.2-11 圆形明渠中涡黏性系数的垂向分布

由模拟结果可知,计算深度平均的无量纲化涡黏性系数 $\lambda=\overline{v_t}/R_h u_*$,将工况 1～4 计算结果平均,得 $\lambda=0.086$。与平底圆形明渠中试验结果 0.09 接近(Knight,

Sterling,2000),比管流中相应值 0.057 及宽浅型矩形明渠中相应值 0.068 大。λ 取值可为沿深度平均的研究分析提供参考。

2.3　马蹄形断面均匀流水动力性能仿真研究

2.3.1　数值计算方法

2.2 节中针对圆形明渠均匀流提出的改进 RSM 模型主要体现内凹形侧壁与水面的综合作用,而马蹄形断面和等半径圆形断面顶弧形状相同,因此本小节将沿用圆形明渠均匀流模拟的方法,实现马蹄形无压隧洞均匀流模拟。模拟工况按 2.1 节中试验工况设置,详见表 2.1-1,以便进行模型验证,说明模型的普适性。边界条件设置方法同 2.2.3 节所述。

模型网格划分仍使用 Gambit 软件完成,计算域全部采用四棱柱非结构化网格划分,边界处网格贴体性好。工况 1～5 横断面网格数分别为 773、1033、1279、1401 和 1717,网格单元长宽比接近于 1;中垂线上网格均匀分布,网格尺寸控制为 2.5mm,壁面处第一层网格到壁面的无量纲距离 $y^+ = 30～70$。当 $11.5～30 \leqslant y^+ \leqslant 200～400$ 时,认为该网格条件下,使用壁面函数计算壁面附近流动是合理的;且当 $y^+ < 150$ 时,可认为得到网格无关解(陶文铨,2001)。将工况 2 中网格数加密至 1.5 倍,计算得到最大纵向流速大小及位置与加密前差值分别为 0.04% 和 3.1%。因此,本节中各工况网格划分是合理、可靠的。

2.3.2　纵向流速分布

2.3.2.1　中垂线处纵向流速分布

马蹄形无压隧洞断面中垂线处流速分布计算值与试验值比较如图 2.3-1 所示。总体来讲,模拟得到的流速分布和试验值吻合良好,进一步验证了 2.2 节中提出的改进 RSM 模型模拟马蹄形无压隧洞均匀流是合理的。在壁面附近($y/h < 0.1$),工况 2、工况 3、工况 5 的计算值与试验值差异较大。差异产生在非对数律成立范围(图 2.3-2),一方面可能源自数值模拟使用壁面函数模拟黏性底层内流动带来的误差,另一方面可能是因为受 PIV 空间分辨率限制,近壁区水流流动特性捕捉能力有限。若要提高近壁区模拟精度,可采用直接模拟 DNS 法,但计算时间成本高;欲提高 PIV 在近壁区测量精度,可使用高频 PIV 测速系统(陈启刚,2014)。本书研究重点在非近壁区,尤其是水面附近流动特征,因此未过多研究如何提高壁面附近计算值与试验值吻合度。

（a）工况 1　　　　　　　　　　　（b）工况 2

（c）工况 3　　　　　　　　　　　（d）工况 4

（e）工况 5

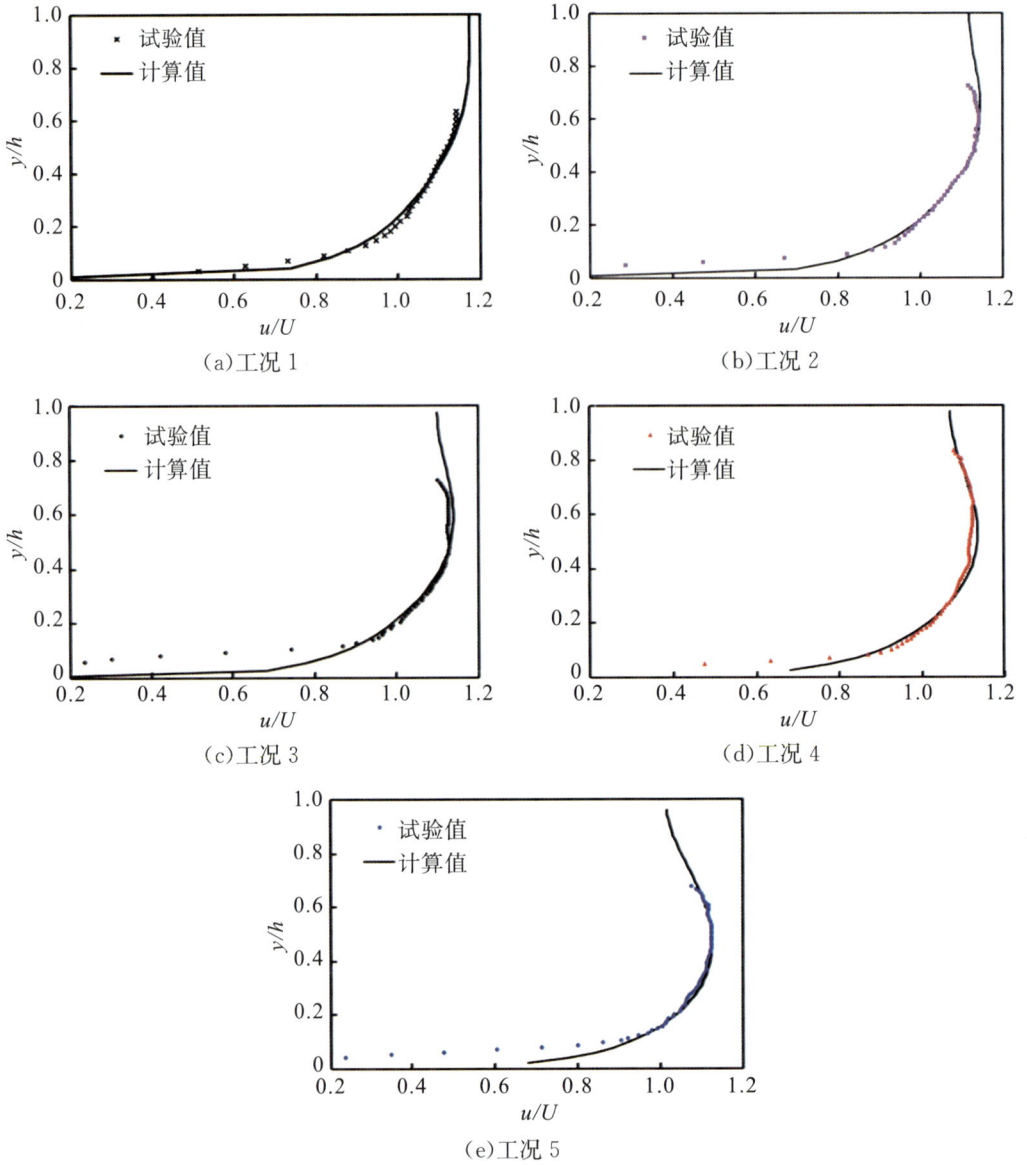

图 2.3-1　马蹄形无压隧洞断面中垂线处流速分布计算值与试验值比较

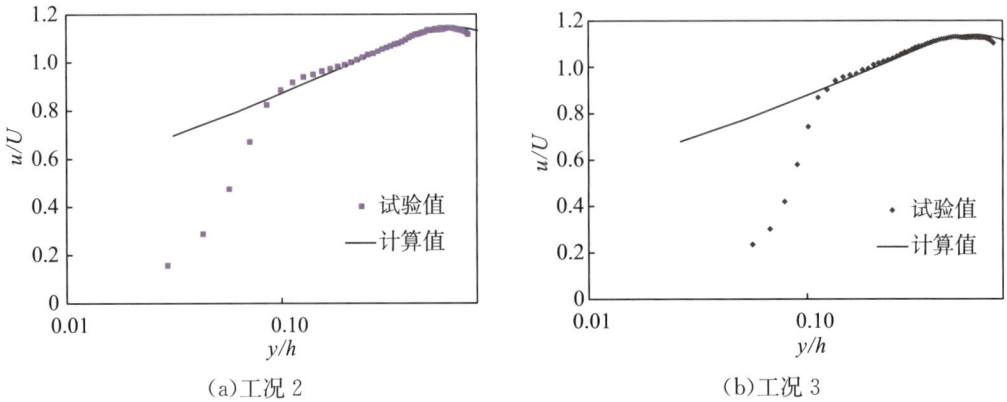

（a）工况 2　　　　　　　　　　　（b）工况 3

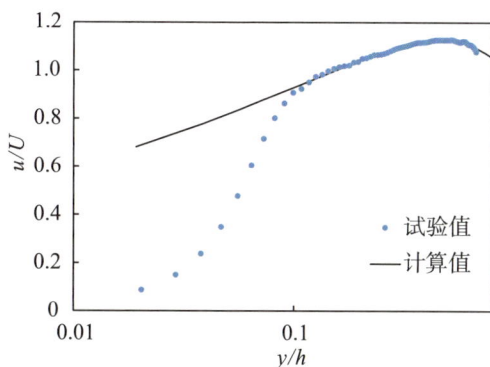

（c）工况 5

图 2.3-2　马蹄形无压隧洞断面中垂线处渠底附近流速计算值与试验值差异

马蹄形无压隧洞均匀流断面中垂线处流速分布规律在 2.1.3.1 节中有详细分析，因此这里不做重复讨论。图 2.3-3 至图 2.3-5 给出了工况 1、工况 3 和工况 5 横向不同测线处流速分布计算值与试验值的比较，从图 2.3-3 至图 2.3-5 中可以看出，在非近壁区流速分布计算结果总体吻合良好。这里主要用计算结果分析横断面上纵向流速分布规律，将在 2.3.2.2 节中介绍。

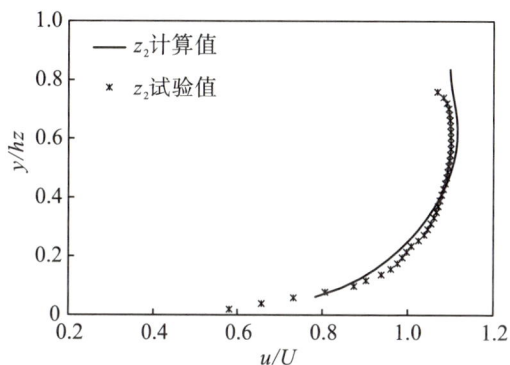

（a）z_2

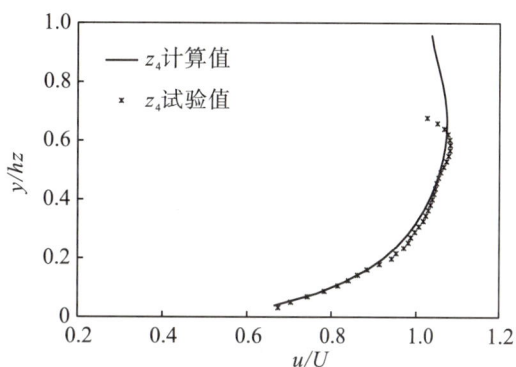

（b）z_4

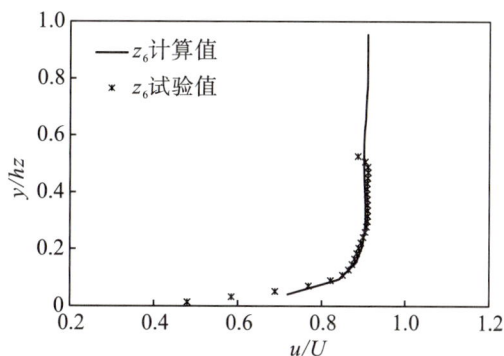

（c）z_6

图 2.3-3　工况 1 不同测线处流速分布计算值与试验值比较

（a）z_2

（b）z_4

（c）z_6

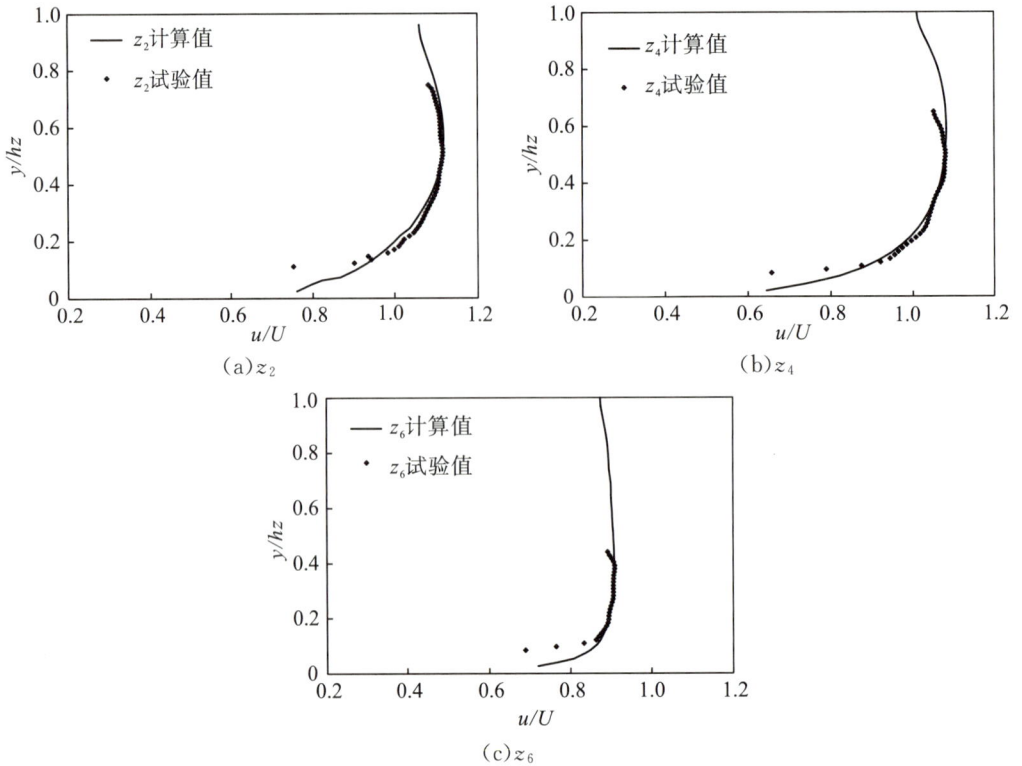

图 2.3-4　工况 3 不同测线处流速分布计算值与试验值比较

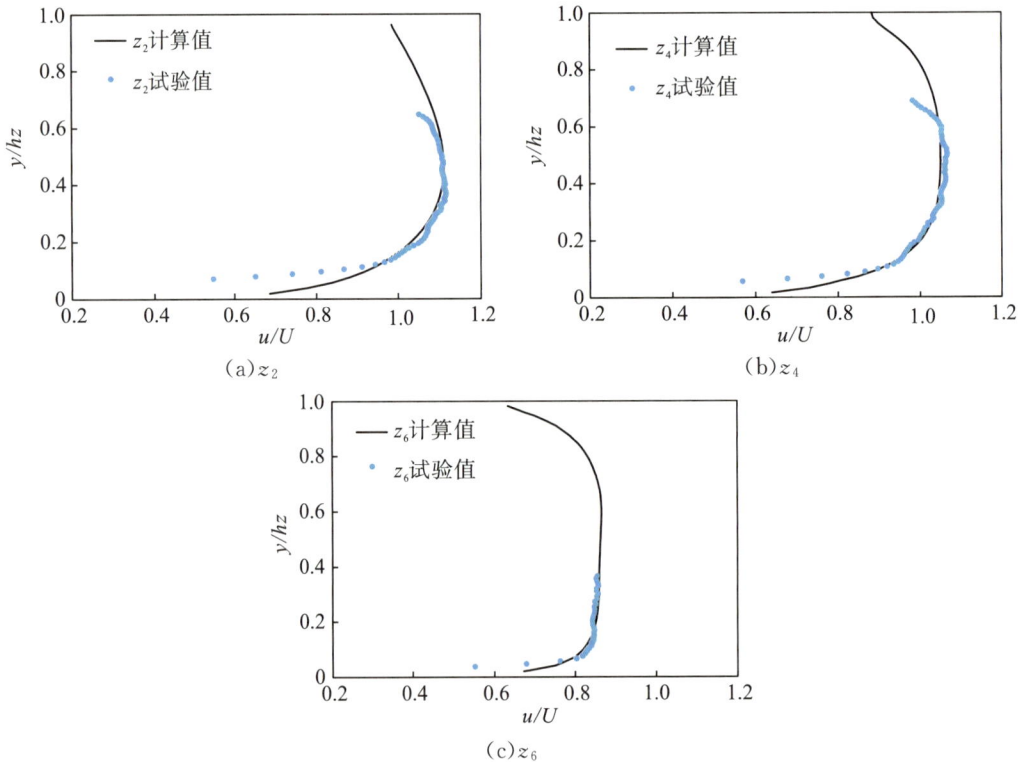

（a）z_2

（b）z_4

（c）z_6

图 2.3-5　工况 5 不同测线处流速分布计算值与试验值比较

2.3.2.2 断面纵向流速分布

图 2.3-6 给出了工况 1、工况 3 和工况 5 中水流充分发展断面上纵向流速分布等值线,图 2.3-6 中流速用断面最大流速 u_m 无量纲化。由图 2.2-6 和图 2.3-6 可知,马蹄形隧洞断面流速分布规律与圆形明渠中类似,当 $h/D \geqslant 50\%$ 时,最大流速位于水面以下;当 $h/D < 50\%$ 时,最大流速位于水面;当 $h/D = 40\%$ 和 60% 时,水面和侧壁交界处,流速等值线图向外凸出;当 $h/D = 80\%$ 时无此现象。流速分布等值线图的不均匀性由二次流导致,二次流形态将在 2.3.4 节中给出。与圆形明渠相比,马蹄形隧洞均匀流流速分布等值线图在 $y/D < 0.2$ 范围内更平坦,类似于矩形明渠流速分布特征。

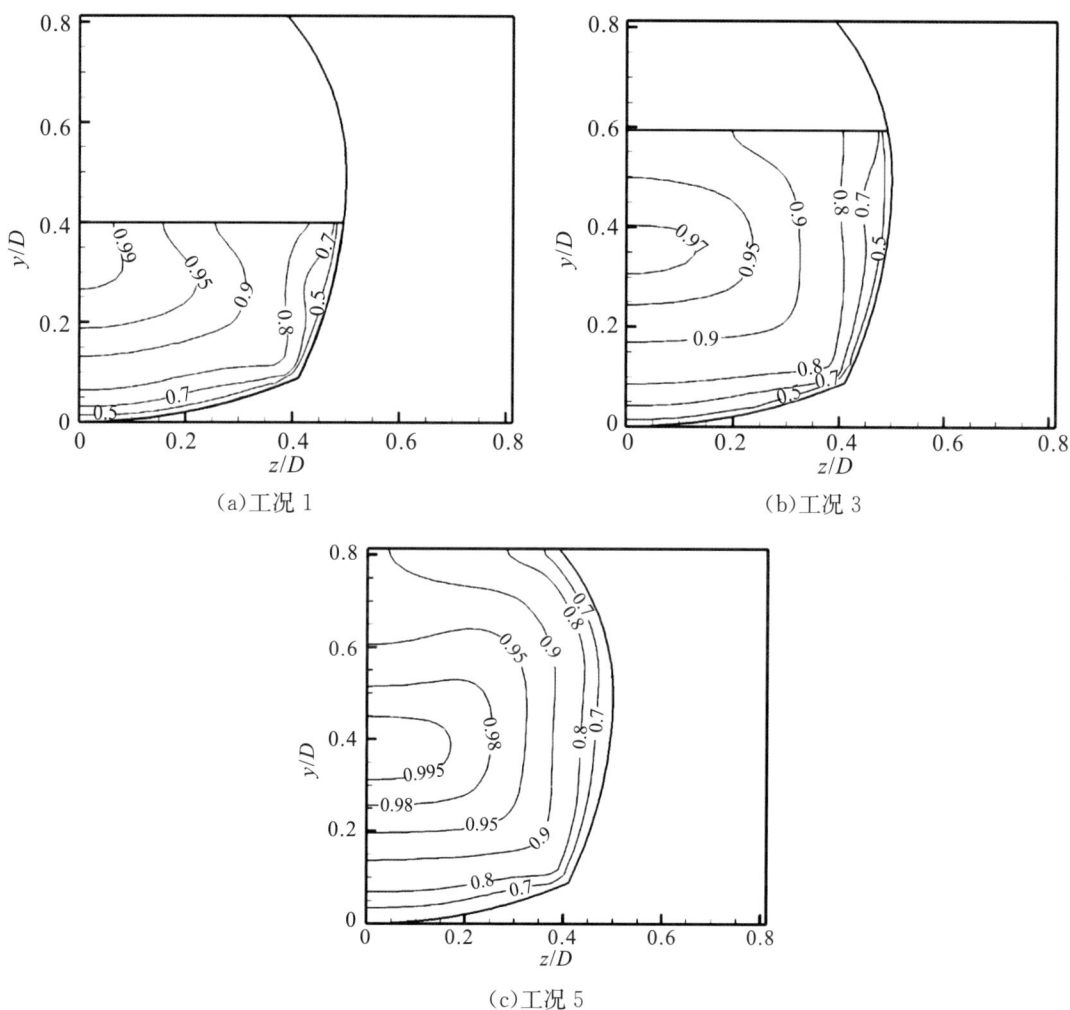

(a)工况 1   (b)工况 3

(c)工况 5

图 2.3-6 马蹄形隧洞断面流速分布等值线

2.3.3　二次流规律

图 2.3-7 以工况 1、工况 3 和工况 5 为例,给出了水流充分发展断面上二次流形态。当 $h/D=40\%$ 和 60% 时,断面内二次流由一对主涡 A 和一对内部涡 B 构成,主涡 A 将侧壁附近低流速水体向渠道中部输运,将水面附近高流速水体输运至水面以下,使最大流速有下潜的趋势。当 $h/D=40\%$ 时,主涡 A 的横向尺度小,因此断面上仅在 $z/D=0.05\sim0.3$ 范围内呈现最大流速位于水面以下的现象,在中垂线 $z/D=0$ 处,最大流速仍位于水面(图 2.3-6(a))。内部涡 B 旋转方向与主涡 A 相反,将渠道偏内侧水体向边壁附近输运,导致流速分布等值线向外凸出。在横向 $z/D\approx0.4$ 处,在主涡 A 和内部涡 B 作用下,水面附近流动存在向上的速度分量,因此在该范围纵向流速沿垂向单调递增,在水面处达到最大(Yang 等,2006)。这也解释了图 2.1-7 中试验测得 z_6 测线流速垂向梯度最小的原因。

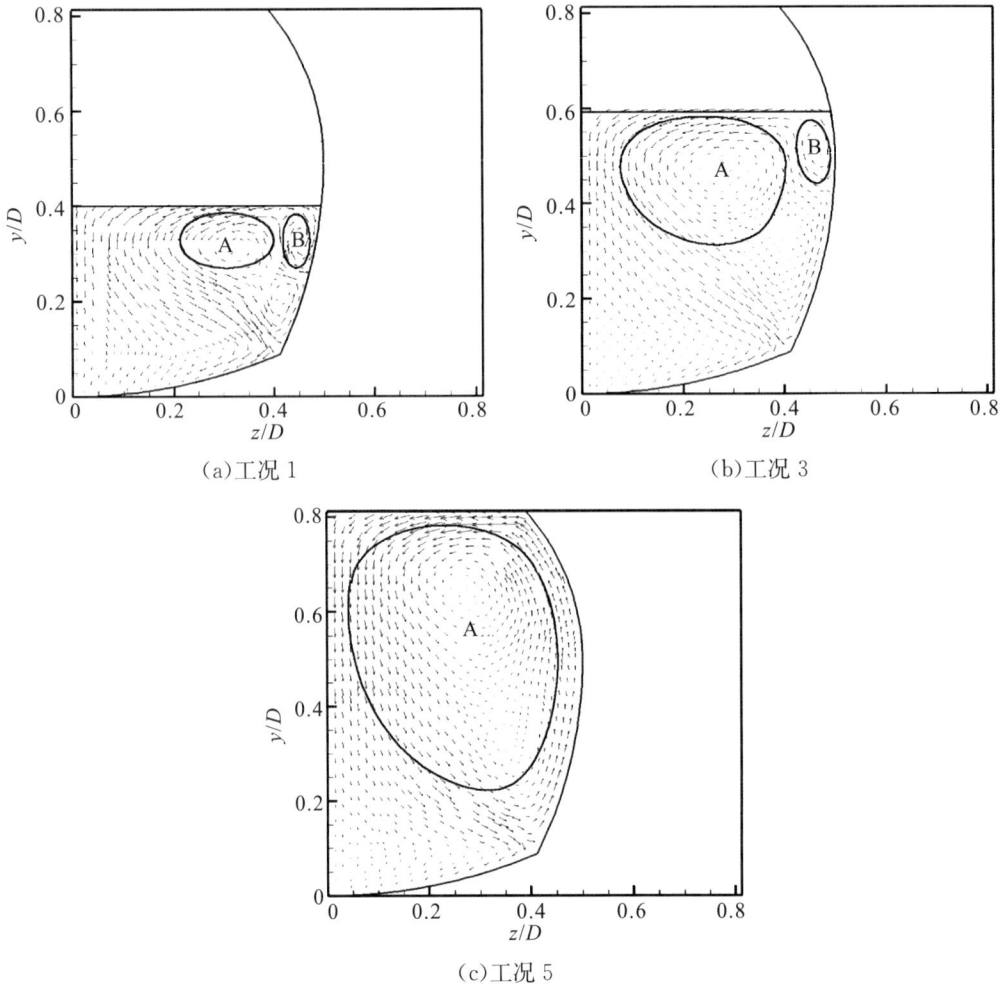

（a)工况 1　　　　　　　　　　　　　（b)工况 3

（c)工况 5

图 2.3-7　马蹄形隧洞横断面二次流形态

用式(2-21)计算二次流流速大小,得马蹄形隧洞均匀流中,二次流流速 $u_{sec}=$ $(0.02\sim0.04)u_{max}$,比圆形明渠中相应值小,比矩形明渠中相应值大。水深越大,最大二次流流速 $u_{sec,m}$ 越大,其位置出现在 $z/D=0.2\sim0.3$ 范围内的水面附近。各工况最大二次流流速见表2.3-1。

表 2.3-1　　　　　　　　　　马蹄形隧洞均匀流最大二次流流速

h/D	39%	50%	59%	69%	81%
u_{sec}/U_{max}	0.023	0.028	0.029	0.033	0.041

2.3.4　紊动强度及雷诺正应力分布

图2.3-8给出了马蹄形隧洞断面中垂线处紊动强度垂向分布,图中紊动强度用摩阻流速 u_* 无量纲化。从图2.3-8中可以看出,纵向紊动强度最大,横向紊动强度次之,垂向紊动强度最小。讨论非近壁区紊动强度分布情况,对于纵向和横向紊动强度,工况2~5分布规律相似,都是随垂向位置上升先减小后增加,在 $y/h=0.5\sim0.8$ 范围达到最小;充满度越大,紊动强度取得最小值的位置越低,与纵向最大流速位置随充满度变化规律一致,如表2.3-2所示。工况1中纵向、横向紊动强度分布偏离其余4组工况,纵向紊动强度随垂向位置上升一直减小,横向紊动强度仍随垂向位置上升先减小再增加。工况1对应于中垂线上最大流速位于水面的情况,表明了二次流和时均流速与紊动特性存在相互作用关系。各工况下垂向紊动强度在水面附近均减小。陈启刚(2014)指出矩形明渠中,自由水面通过影响涡的结构而改变紊动能分配情况,在水面下相对水深 $0.7<y/h<1$ 范围,涡的半径减小,垂向紊动强度减小。明渠均匀流中,自由水面抑制垂向紊动强度被视为普遍规律(Nezu,Nakagawa;1993),但水面的影响范围随断面形态不同而有所差异。在工况5中,垂向紊动强度在相对水深为0.5附近有所增加;在工况4中,垂向紊动强度在该处衰减程度减小,再次表明在此范围内有紊动能产生。

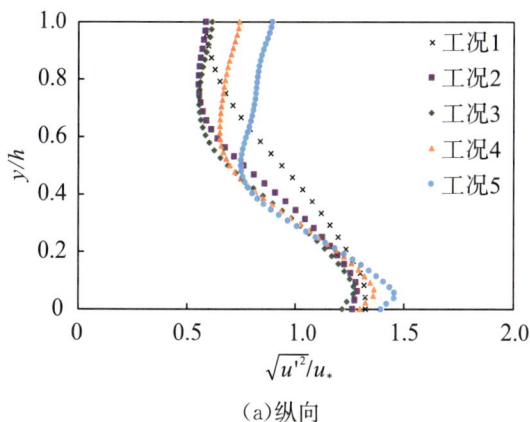

(a)纵向

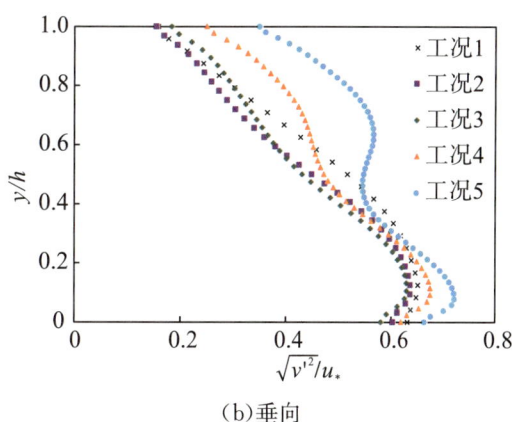

(b)垂向

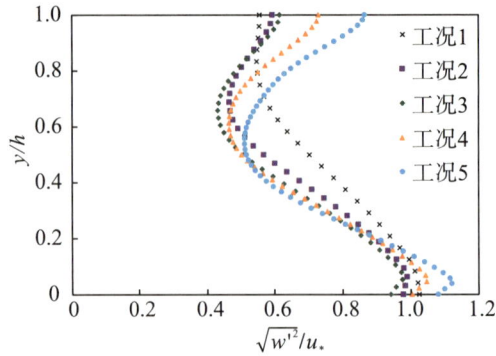

(c)横向

图 2.3-8　马蹄形隧洞断面中垂线处紊动强度垂向分布

表 2.3-2　　　　　　　　马蹄形隧洞均匀流紊动强度和纵向流速最值位置

工况	1	2	3	4	5
$h/D/\%$	39	50	59	69	81
$y_{u',\min}/h$	1.00	0.78	0.71	0.61	0.50
$y_{w',\min}/h$	0.83	0.69	0.66	0.61	0.54
$y_{\max}/h$	1.00	0.62	0.60	0.55	0.47

马蹄形隧洞均匀流试验表明,纵向紊动强度的垂向分布可由二次多项式表达(2.1.5 节)。本节模拟结果表明,横向紊动强度的垂向分布也可通过二次多项式表达(图 2.3-9),横向不同位置处表达式中参数取值不同。垂向紊动强度在不同充满度条件下表现出不同的变化趋势,不能通过简单多项式表达。

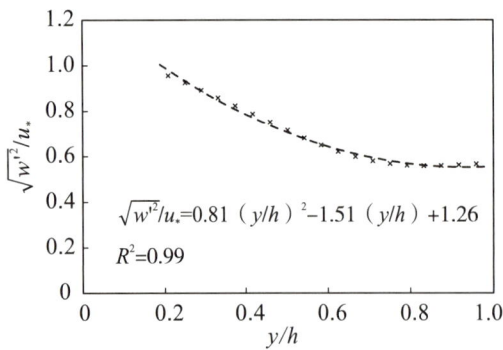

(a)工况 $1z_0$

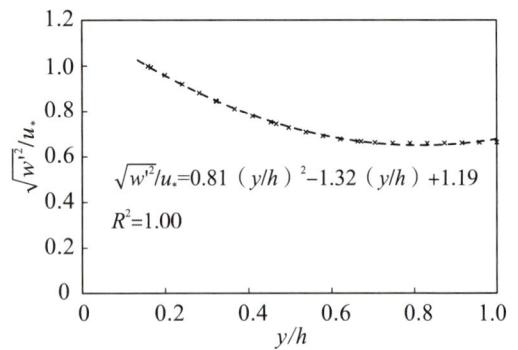

(b)工况 $1z_4$

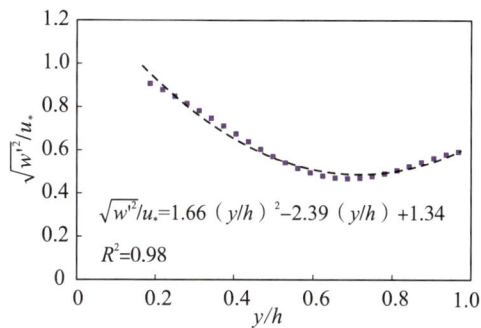

(c)工况 $2z_0$

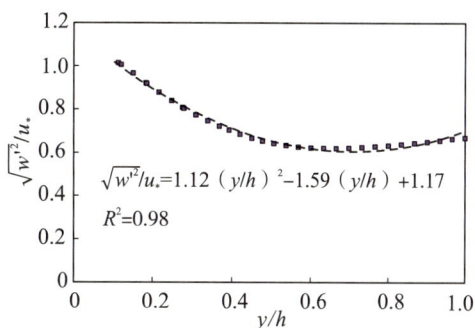

(d)工况 $2z_4$

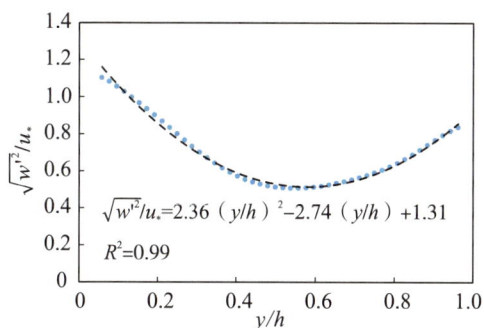

(e)工况 $5z_0$

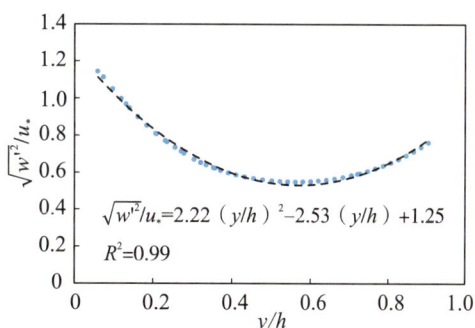

(f)工况 $5z_4$

图 2.3-9 马蹄形隧洞均匀流中横向紊动强度的二次多项式分布

图 2.3-8 表明马蹄形隧洞均匀流紊动特性呈各向异性,图 2.3-10 给出了工况 1、3、5 中,横向与垂向雷诺正应力差异的分布情况,图中 $(w'^2 - v'^2)$ 用 $(u_{max}^2/10^3)$ 无量纲化。图 2.3-10(a)至图 2.3-10(c)中等值线分布的相似性表明,不同充满度条件下,水面均会因抑制垂向紊动而增加附近区域内紊动各向异性。水面对其法线方向的紊动抑制作用小于壁面作用,这点从壁面附近等值线量值大可以看出;充满度越大,水面相对侧壁抑制作用越弱,这点从等零值线位置可以看出。

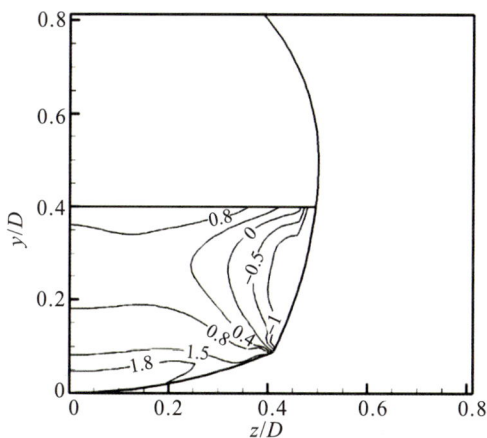

(a)工况 1

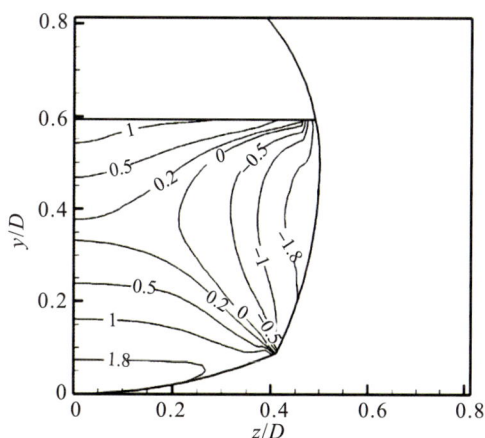

(b)工况 3

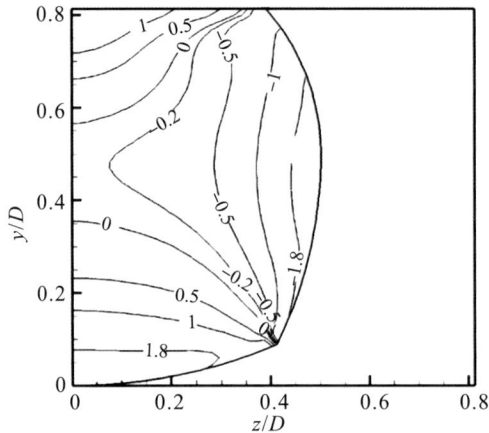

（c）工况 5

图 2.3-10　马蹄形隧洞断面内$(w'^2-v'^2)/(u_{max}^2/10^3)$分布等值线

2.3.5　动能修正系数

工程中输水明渠及隧洞设计时常采用一维能量方程计算,准确计算需要确定动能修正系数值。动能修正系数大小反映断面上流速分布的均匀性,流速分布越均匀,动能修正系数越小。工程中常近似取 1,这相当于假设断面上流速均匀分布,在某些情况下可能影响计算精度。Seckin 等（2009）搜集大量的试验数据,得到光滑矩形明渠中,动能修正系数平均值为 1.094；Maghrebi（2006）指出,矩形明渠越宽浅,动能修正系数越大；郭振仁（1990）在矩形明渠中不同试验条件下测得动能修正系数最小为 1.045。这里根据数值模拟结果,计算马蹄形隧洞均匀流在 $h/D=39\%$、59%、69% 和 81% 条件下动能修正系数值,动能修正系数通过下式计算:

$$\alpha=\frac{\sum_{i=1}^{N}u_i^3 A_i}{U^3 A} \tag{2-22}$$

式中,N——断面上网格单元数;

$\quad u_i$——网格单元中心处纵向流速;

$\quad U$——断面平均流速;

$\quad A_i$——网格单元面积。

为进行比较,还计算了同坡度及充满度条件下,圆形隧洞均匀流动能修正系数值,结果一并列于表 2.3-3 中。计算结果表明,动能修正系数取值在 1.041～1.059,且充满度越大,动能修正系数越小。这说明马蹄形隧洞和圆形隧洞均匀流中,断面内二次流起到了促使断面流速分布更均匀的作用,充满度越大,断面内二次流作用越强烈,动能修正系数越小。当 $h/D>50\%$ 时,圆形隧洞均匀流动能修正系数小于马蹄形隧洞;当 $h/D<50\%$ 时反之。这是由于圆形隧洞断面上二次流强度更大(2.3.4 节),因此当 $h/D>50\%$ 时,动能修正系数小于马蹄形隧洞中相应值;当 $h/D<50\%$ 时,马蹄形隧洞中动能修正系数更小,可能是因为当二次流作用不足以在整个横向范围上改变流速分布时,二次流作用范围起主要作用,此时马蹄形隧洞中二次流作用范围大(图 2.2-7、图 2.3-8),因此动能修正系数小。

表 2.3-3 马蹄形隧洞与圆形隧洞均匀流动能修正系数值

$h/D/\%$	马蹄形隧洞				圆形隧洞			
	39	59	69	81	40	60	70	80
α	1.059	1.050	1.046	1.042	1.062	1.048	1.043	1.041
平均值	1.049				1.048			

2.3.6 阻力特性

2.3.6.1 阻力系数

在工程应用中,常用达西—魏斯巴赫公式计算均匀流沿程水头损失,评估流动阻力,因此本小节对马蹄形隧洞均匀流沿程阻力系数做简要讨论。在明渠流动中,阻力系数并不是一个常值,而是受断面形态和二次流作用影响,随着水深变化有所不同(Sturm,King;1988)。Cheng 等(2011)提出光滑矩形明渠中阻力系数与雷诺数及宽深比的分段表达式,Kazemipour 和 Apelt(1979)指出,明渠中阻力系数值与壁面切应力分布均匀性有关,在矩形及梯形明渠中可通过参数 $\sqrt{P/B}$ 衡量,$\sqrt{P/B}$ 越大,阻力系数越小。这里基于数值模拟结果,分析马蹄形隧洞中不同充满度条件下阻力系数的变化。采用达西—魏斯巴赫公式及均匀流壁面切应力公式,有:

$$f=\frac{8\tau}{\rho U^2} \tag{2-23}$$

式中,f——阻力系数;

U——断面平均流速;

τ——壁面平均切应力,由流速分布推求得到。

利用式(2-23)计算各工况下阻力系数值,并分别将阻力系数随充满度和 $\sqrt{P/B}$ 的变化关系绘于图 2.3-11(a)、图 2.3-11(b)中。

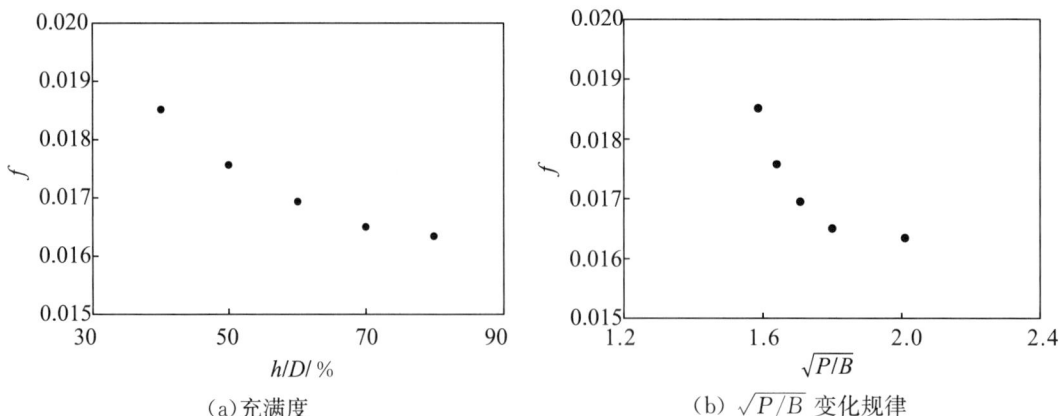

（a）充满度

（b）$\sqrt{P/B}$ 变化规律

图 2.3-11　马蹄形隧洞阻力系数随充满度和 $\sqrt{P/B}$ 的变化关系

图 2.3-11（a）表明，充满度越大时，阻力系数越小，且随着充满度增加，阻力系数的变化减小。Yoon 等（2012）在圆形明渠中同样得到阻力系数随充满度增加而减小的结论，且当充满度大于 70% 时，阻力系数几乎不再随充满度增加而变化。计算结果表明，无压隧洞设计计算时，按低充满度条件下阻力系数取值是偏于保守的。图 2.3-11（b）表明，在马蹄形隧洞均匀流中，阻力系数同样存在随 $\sqrt{P/B}$ 增加而减小的规律。

2.3.6.2　底壁切应力

明渠底壁切应力分布与断面形态及二次流结构有关，呈非均匀分布（Knight 等，1984）。在平底圆形明渠中，由于断面上一对二次环流作用，局部切应力与平均切应力之比基本在 0.6～1.2 范围内变化（Knight，Sterling；2000）；Torfs（1995）报道了在半圆形明渠中，渠底最大切应力可达中垂线处切应力的 1.35 倍。当渠底局部切应力过大时，可能对渠底造成局部冲刷，从而改变输水能力。如在克拉玛依引水工程中，马蹄形隧洞底部边角处存在多处小冲刷坑，冲刷坑的形成将增加流动阻力，降低输水能力。为此，根据数值模拟结果，计算不同充满度条件下马蹄形隧洞底壁切应力分布（图 2.3-12），图 2.3-12 中纵坐标切应力用平均切应力无量纲化，横坐标 l 为质点到断面底弧中点的圆周距离（沿湿周的弧长距离），用断面底弧弧长的一半 $l_b/2$ 无量纲化。

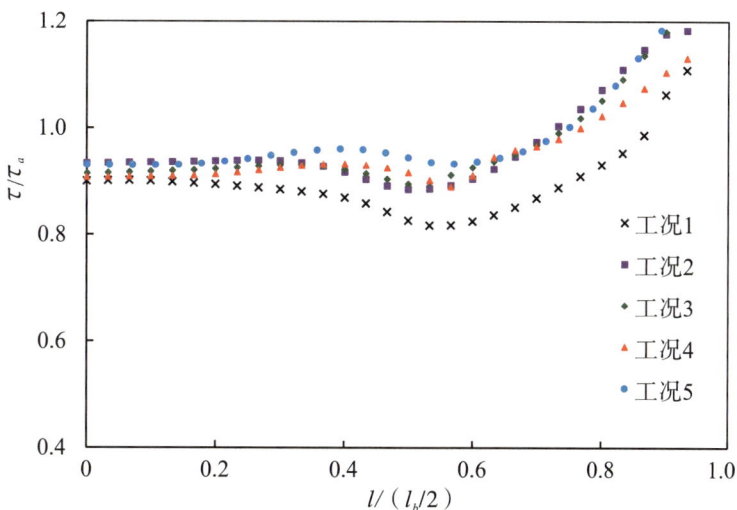

图 2.3-12   马蹄形隧洞底壁切应力分布

由图 2.3-12 可以看出,在不同充满度条件下,马蹄形隧洞底壁切应力分布规律类似。在底壁中部约 25% 范围内,切应力分布较均匀,且充满度 $h/D \geqslant 50\%$ 时,切应力分布比 $h/D < 0.5$ 时更均匀。Berlamont 等(2003)指出,平底圆形明渠中水深增加对渠底切应力分布规律影响不大;当水深越大时,切应力分布更均匀,这与本书结论是一致的。底壁中垂线处切应力 $\tau_0 \approx 0.9\tau_a$,这也说明了 Guo 等(2014)提出的曲形明渠均匀流流速分布模型中,参数 λ 最合理取值为 $\sqrt{0.9} = 0.95$(2.1.3.1节)。在底壁边角附近,切应力增加,最大可达平均切应力的 1.2 倍,是中垂线处切应力的 1.33 倍,与 Torfs(1995)、Knight 和 Sterling(2000)试验范围接近,验证了结果的合理性。底壁边角处切应力增加由二次流导致。矩形及梯形明渠中研究表明,在二次流存在指向渠底流速分量处,局部切应力有极大值(Kleijwegt,1992;Blanckaert 等,2010)。由图 2.3-7 可知,在不同充满度条件下,马蹄形隧洞断面内均存在指向底壁边角处的流速分量,因此在该处切应力最大。这也从一方面解释了实际工程中马蹄形无压隧洞内底部冲刷坑多发生在边角处的现象。

2.4   曲形断面水流水动力性能对输水能力观测影响

野外用表面流速法测量渠道流量时,通过浮标法或表面流速仪测得表面流速后,乘以表面流速系数 λ_s,得到断面平均流速,再乘以过流面积得到流量。表面流速系数的取值决定了流量估算的准确性,根据改进 RSM 模型对圆形明渠及马蹄形隧洞均匀流模拟结果,计算表面流速系数,为野外观测提供参考。表面流速系数根据下式计算:

$$\lambda_s = \frac{u_s}{U} \qquad (2\text{-}24)$$

式中，u_s——表面流速。

为完整起见，这里补充矩形明渠中相应模拟结果。模拟基于 Coleman(1986)的光滑矩形明渠试验，矩形明渠宽为 0.16m，底坡为 0.002，用 Rodi 模型模拟宽深比 1~8 范围内的均匀流，将各工况计算结果列于表 2.4-1 中，表中 $\lambda_{s,av}$ 表示相应工况表面流速系数平均值。

表 2.4-1 　　　　　　　　　　不同断面形态明渠均匀流中表面流速系数 λ_s

渠道断面形态	h/D 或 B/h	λ_s	$\lambda_{s,av}$
圆形	0.4	0.835	0.882
	0.6	0.860	
	0.7	0.885	
	0.8	0.947	
马蹄形	0.4	0.849	0.914
	0.5	0.893	
	0.6	0.908	
	0.7	0.936	
	0.8	0.984	
矩形	1.0	0.894	0.842
	1.5	0.886	
	2.0	0.880	
	4.0	0.799	
	8.0	0.800	

从表 2.4-1 可知，圆形明渠中各工况表面流速系数平均值为 0.882，矩形明渠中为 0.842，马蹄形隧洞中为 0.914。表面流速系数计算值大部分与传统经验值 0.85 接近。马蹄形隧洞内充满度较大时，表面流速系数明显比经验值偏大，此时若直接取用经验值估算将带来较大偏差。矩形明渠较宽浅时，表面流速系数比平均值偏小。表面流速系数随渠道断面形态、充满度或宽深比不同而不同的结论，也正好解释了不同学者在不同渠道或河道中测得表面流速系数值不同的事实，如 Welber 等(2016)在不同河道中测得表面流速系数在 0.71~0.95 范围内变化，Lee 和 Julien(2006)发现宽浅型河流比深窄型渠道中表面流速系数平均值小。

2.5　小结

本章主要分析了无压引调水工程中曲形断面均匀流流速分布规律和紊动特性，及其对输水能力观测的影响。首先，通过试验研究了马蹄形断面均匀流纵向流速分布和紊动强度分布规律。然后，提出了一种适用于具有半圆形顶弧的曲形明渠均匀流模拟的改进雷诺应力模型，根据圆形明渠均匀流现有试验资料，以及马蹄形隧洞均匀流试验结果对模型的适用性进行了验证。最后，用该模型计算分析了无压隧洞均匀流断面流速分布规律、紊动特性和二次流规律。主要结论如下：

①马蹄形输水断面内的均匀流，当充满度小于50%时，断面中垂线处纵向最大流速位于水面表面；当充满度不小于50%时，受二次流影响，最大流速位于水面以下，且充满度越大时，二次流作用越强烈，最大流速位置越低，水面附近流速受抑制程度越大。纵向最大流速位置位于相对水深0.5~0.6处。在不同充满度条件下，中垂线上相对水深0.1~0.5范围内流速分布规律相似，且均符合对数分布。沿横向方向，越靠近侧壁纵向流速越小，其垂向分布越均匀。

②马蹄形输水断面内的均匀流，可通过本章提出的改进雷诺应力模型模拟。该模型适用于具有半圆形顶弧的曲形明渠均匀流模拟。模型考虑了水面及内凹形侧壁对紊动各向异性的综合作用，通过在雷诺输运方程的水面反射项中引入与充满度有关的折减系数，并修正水面边界条件中紊动能耗散率表达式参数的取值，可以更准确地计算断面流速分布。尤其是在高充满度条件下，相比未经改进的雷诺应力模型，对水面附近流速分布计算更准确。模型对具有不同尺寸及壁面粗糙度的曲形明渠均有良好的适用性。

③数值模拟结果表明，在圆形和马蹄形无压隧洞均匀流中，水面会抑制水面附近的垂向紊动，而导致横向与垂向雷诺正应力存在差异。在水面和内凹形侧壁共同作用下，断面内存在由紊动各向异性导致的二次流。二次流由一对主涡组成，当充满度不太大时，水面与侧壁交界处还存在一对内部涡。主涡将侧壁附近低流速水体输运至断面中部，将水面附近流速大的水体输运至水面以下，使最大流速有下潜的趋势。充满度越大，主涡强度越大，作用范围越大。

④马蹄形输水断面内的均匀流，当充满度不小于50%时，纵向和横向紊动强度在非近壁区随垂向位置上升先减小后最大，纵向紊动强度最小值出现在相对水深0.5~0.8范围，且充满度越大，纵向紊动强度最小值位置越低；当充满度小于50%时，纵向紊动强度随垂向位置上升一直减小，而横向紊动强度仍呈先减小再增大的趋势。纵向和横向紊动强度在非近壁区的垂向分布可通过二次多项式表达，式中参数随垂线的横向位置不同而不同。垂向紊动强度在水面附近减小，当充满度不小于50%时，在

相对水深为 0.5 附近垂向紊动强度随垂向位置上升衰减减小,当充满度为 80% 时,甚至有所增加。

⑤马蹄形输水断面均匀流的阻力系数随充满度和 $\sqrt{P/B}$ 增加而减小。受二次流作用影响,底壁切应力呈非均匀分布,最大切应力出现在边角处,约为壁面平均切应力的 1.2 倍。

⑥明渠表面流速系数大小与断面形态有关,渠道越深窄,或充满度越大,表面流速系数越大。对无压引调水工程输水流量进行野外测算时,应根据断面形态选择合适的取值。

3 明渠—隧洞过渡段输水能力提升的实践研究

3.1 工程研究对象

选取新疆北部的某跨流域、长距离调水工程 YE 工程西干渠段为研究对象。YE 工程由"635"水利枢纽工程、总干渠和风城高库工程组成。其中,西干渠工程从总干渠末端的顶山分水闸引水,向西输水至克拉玛依市乌尔禾镇西北侧的风城高库,全长 217.184km。西干渠设计年输水量 6.8 亿 m^3,其中通过风城水库供给克拉玛依市 4.0 亿 m^3。

西干渠主要由输水明渠和 5 条无压输水隧洞组成。其中,输水明渠长 207.164km,无压输水隧洞总长 10.02km。5 条隧洞分别命名为 $1^#$ ～$5^#$ 隧洞,总干渠输水线路如图 3.1-1 所示。

图 3.1-1 引水工程西干渠示意图

工程建成后,总体运行良好,为克拉玛依市和油田的发展做出了突出的贡献。然而,工程建成至本书研究改造前,西干渠实际输水量远低于设计值。例如,2012 年工程向克拉玛依市输水量仅 2.75 亿 m^3,不到设计值的 70%。随着城市的经济社会发展,需水量逐渐增加,西干渠的低水平运行难以满足城市用水的需求。

西干渠低水平运行主要表现在两个方面:输水时间不足和过水流量不足。①西干渠每年的设计运行时间为 6 个月,实际运行时间一般仅为设计输水时长的 75%,如 2012 年的输水时间为 134 天。②西干渠无法实现全线按设计流量运行。本书主要针对过流能力不足导致的输水能力不足开展研究,通过模型试验和数值仿真结合的手段,研究工程输水能力提升路径。

$4^\#$、$5^\#$ 隧洞地理位置平面示意图如图 3.1-2 所示。两座隧洞的设计流量、加大流量分别为 $49m^3/s$、$59m^3/s$,工程设计参数见表 3.1-1。无压隧洞主体断面形式为马蹄形,进口断面为城门洞形,隧洞内进口处有长 10m 的渐变段;过渡段由扭曲面收缩段和矩形段组成;上游明渠断面形式为弧底梯形,末端渠道底部在 5m 范围内由弧底渐变过渡至平底,即扭曲面起始的平底梯形断面,其间渠道总高度保持不变。

根据工程运行资料和现场试运行观测,明渠内沿程水流平稳,$4^\#$、$5^\#$ 隧洞进口超高不足限制了隧洞,乃至整个输水工程的输水能力。根据《调水工程设计导则》(SL/T 430—2024),在低流速无压隧洞中,若通气条件良好,在恒定流条件下,洞内水面线以上的空间不宜小于隧洞断面面积的 15%,且高度不应小于 400mm。假设横断面无水面梯度,按此要求计算得到隧洞马蹄形断面超高不应小于 0.93m。实际当输水流量为 $46m^3/s$ 时,$4^\#$、$5^\#$ 隧洞入口超高分别仅有 0.5m、0.6m;达到设计流量条件时,两座隧洞进口附近超高均不足 0.3m,远小于《调水工程设计导则》(SL/T 430—2024)要求值,限制了上、下游渠道以设计流量运行。隧洞进口实际水流条件如图 3.1-3 所示。

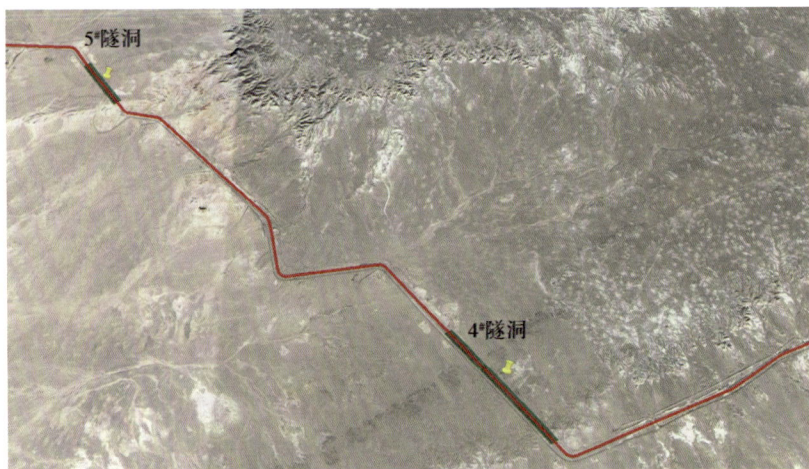

图 3.1-2 $4^\#$、$5^\#$ 隧洞地理位置平面示意图

图 3.1-3　5#隧洞入口超高不足

表 3.1-1　　　　　　　　　　4#、5#隧洞工程设计参数　　　　　　　　　　（单位:m）

渠段	明渠	过渡段		隧洞			消力池	过渡段	消力池	明渠
断面形态	弧底梯形	扭曲面	矩形	城门洞形	马蹄形	城门洞形	矩形	扭曲面	矩形	弧底梯形
4#洞相应长度	—	14	6	10	1450	10	11	20	25	—
5#洞相应长度	—	9	6	10	690	10	11.5	20	25	—

3.2　工程输水能力现状分析

　　4#、5#隧洞的工程布置形式基本相同,两座隧洞中轴线走向均为直线设计,且纵坡值相同;隧洞沿程为马蹄形断面,断面尺寸设计参数相同。两座隧洞过渡段的长度和坡度有所不同,如表 3.2-1 所示。

表 3.2-1　　　　　　　　　4#、5#隧洞及其入口明渠设计参数

断面形式	纵坡	糙率	设计参数说明
弧底梯形断面	1/1000	0.017	边坡 1.75,底部弦长 3.4m,渠深 3.5m
扭曲面	0.0656		扭曲形式为线性扭曲
矩形断面	0.0153		断面宽 4.3m
城门洞形断面	1/380	0.014	底宽 4.3m,总高 4.3m,直墙高 2.15m,顶拱直径 4.3m,圆心角 180°
马蹄形断面	1/380		高度 4.3m,宽度 4.3m

　　隧洞设计流量 49m³/s,根据均匀流计算得到设计流速为 4.3m/s。在接近设计工况下运行时,两座隧洞进口前收缩段内水面收缩角约 30°,远大于建议允许值 12.5°～14°,属于剧烈收缩过渡段。根据多次现场观测,渠道运行时,两座隧洞进口附

近水面特征与过流条件相似。隧洞进口前过渡段内水面不平稳,过渡段内水面先下降后上升,在进口处断面中部水面局部壅起,洞内存在明显水面波动,如图 3.2-1 所示。从水位印记来看,隧洞进口最高水深 3.3m,超高 1m;洞内渐变段末处水深 2.8m,超高 1.5m;洞内中下游段平均水深 2.4m,超高 1.9m。洞内超高远大于洞口超高,表明隧洞进口对隧洞输水能力起到了限制作用。

（a)扭曲面 （b)进口断面

（c)洞内波动

图 3.2-1 隧洞进口附近水位印记

根据试验资料,进一步梳理隧洞超高与流量间关系,如图 3.2-2 所示。试验结果表明,隧洞洞身平均超高大于同一流量条件下隧洞进口超高,且流量越大,两处超高差异越大;在设计工况下运行时,尽管隧洞进口超高不满足安全运行要求,但隧洞洞身平均超高仍可供安全运行。复核计算表明,在设计流量下,隧洞按均匀流条件运行,隧洞洞内超高可达 1.37m,高于此时规范要求的安全超高 0.93m。这说明隧洞进口水面波动限制了工程输水能力;当隧洞进口附近水流平稳,均匀入洞时,工程是可以达到设计输水能力的,具备输水能力提升的可行性。

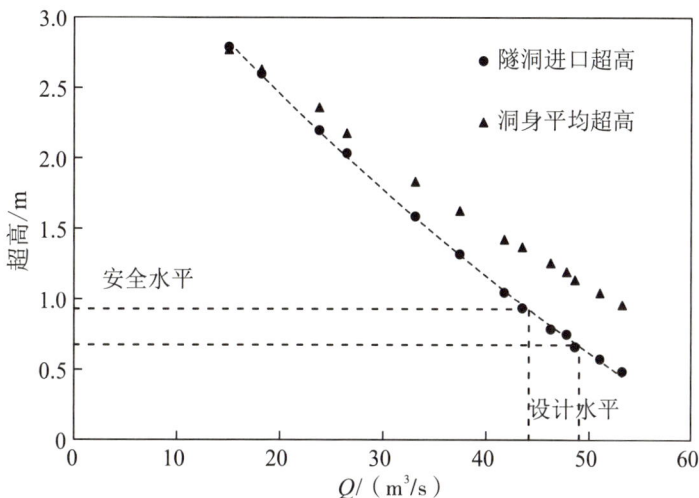

图 3.2-2　工程隧洞进口及洞身超高与流量关系

3.3　工程输水能力提升手段研究

无压输水隧洞进口与上游明渠一般以收缩过渡段形式连接,过渡段的水动力性能对工程输水能力有重要影响。隧洞进口收缩段内通常伴随水面变化,断面平均流速及弗劳德数增加,二次流作用增强,水流处于非均匀状态。当过渡段剧烈变化时,水流结构急剧调整,可能产生水面异常波动,导致渠道及隧洞内超高富余不足,限制了整个工程的输水能力。

为了提高工程输水能力,使其达到设计水平,需要改善隧洞进口附近过渡段内流态。要求过渡段内水面平稳,水面坡降小;水流横向分布均匀,避免隧洞进口断面水面局部壅高的现象产生。若延长过渡段,使进口均缓收缩,可从根本上提高输水能力,但需要对渠道进行停水改造,工程量大。从经济性考虑,还可以在既有剧烈收缩条件下,通过在收缩段内修建局部导流措施,改善收缩段出口水流因强烈收缩惯性作用导致的横向分布不均现象,从而提高输水能力。本书中将对这两类输水能力提升措施进行试验和仿真研究,3.3.1 节通过模型试验研究局部导流措施的作用效果,3.3.2 节至 3.3.4 节通过模型试验和数值仿真研究基于水动力性能的进口过渡段形态改造方案,3.3.5 节提出工程输水能力提升方案及效果。

3.3.1　隧洞进口过渡段内布置导流措施效果研究

本研究通过试验探究在现有急剧收缩条件下,通过在收缩段内设置局部导流装置,改善因强烈收缩惯性作用导致的出口水流横向分布不均问题,从而提高输水效率。

　　试验在清华大学水力学所试验大厅完成。采用有机玻璃搭建工程试验模型,试验模型平面布置如图 3.3-1 所示。模型尺寸是根据工程 5#隧洞原始设计参数,采用重力相似准则和摩阻力相似准则,以几何比尺 $\lambda_l=25$ 构建的正态模型。模型各渠段平面尺寸参数及纵坡值分别如图 3.3-2 和表 3.3-1 所示,矩形断面宽度和高度与城门洞形断面底宽和总高相同,因此未在图示中画出。在本试验模型比尺条件下,设计流量相当于 $Q=15.68$L/s。

　　模型采用水泵驱动实现循环供水,进口接供水水箱,水箱内设有整流栅,以平稳水流。水箱的进口管路上设有阀门,用以控制流量,流量在出口处通过三角堰测量。出口处设有活页尾门控制水深。模型整体安装误差在 ±1mm 以内。定义直角坐标系原点位于渠道入口断面中垂线处底部,沿水流纵向为 x 轴正方向,垂直于渠底向上为 y 轴正方向,沿横向为 z 轴方向,方向遵循右手法则。

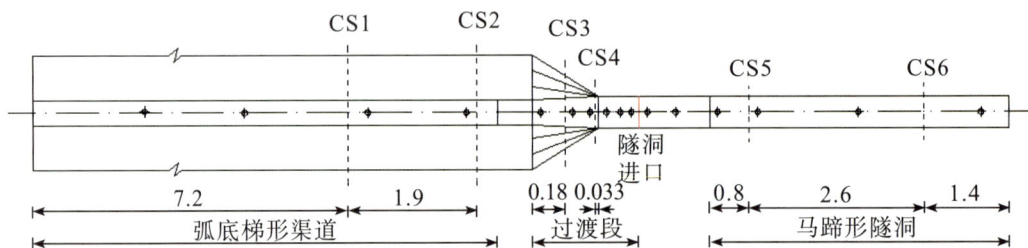

图 3.3-1　试验模型平面布置

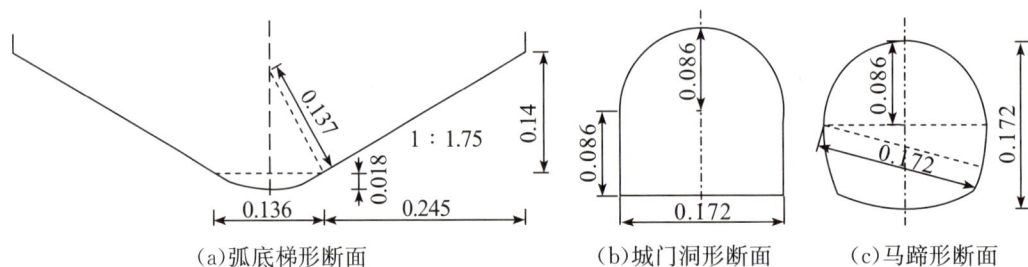

图 3.3-2　试验模型横断面尺寸(单位:m)

表 3.3-1　　　　　　　模型纵剖面主要尺寸参数

渠段	断面形式	长度/m	纵坡
上游明渠	弧底梯形	9.200	0.0010
	弧底→平底梯形	0.200	−0.0890
过渡段	扭曲面	0.372	0.0656
	矩形	0.228	0.0153
无压隧洞	城门洞形→马蹄形	0.400	0.0026
	马蹄形	4.800	

过渡段内布置导流措施时,导流效果与导流装置的尺寸和布置位置有关。选用两种长度不同的导流板,按不同方式布置,试验观测输水能力变化情况。两种导流板长度分别为 3.12m 和 5m,厚度 0.25m,高度与渠高相同,以挺水形式、不同间距立于渠道中(图 3.3-3),图中导流板参数为工程实际值。Ubing(2015)研究挡水柱对水流结构影响时,发现在笔者试验条件下,当挡水柱间距与直径之比为 6.4 时,挡水柱对水流阻碍作用最小。因此,图 3.3-3(a)、图 3.3-3(c)中两导流板间距 1.6m,且此时导流板恰好将渠道沿横向分为约三等分;图 3.3-3(b)、图 3.3-3(d)中导流板间距2.58m,断面中部过流面积约占总过流面积的 60%。

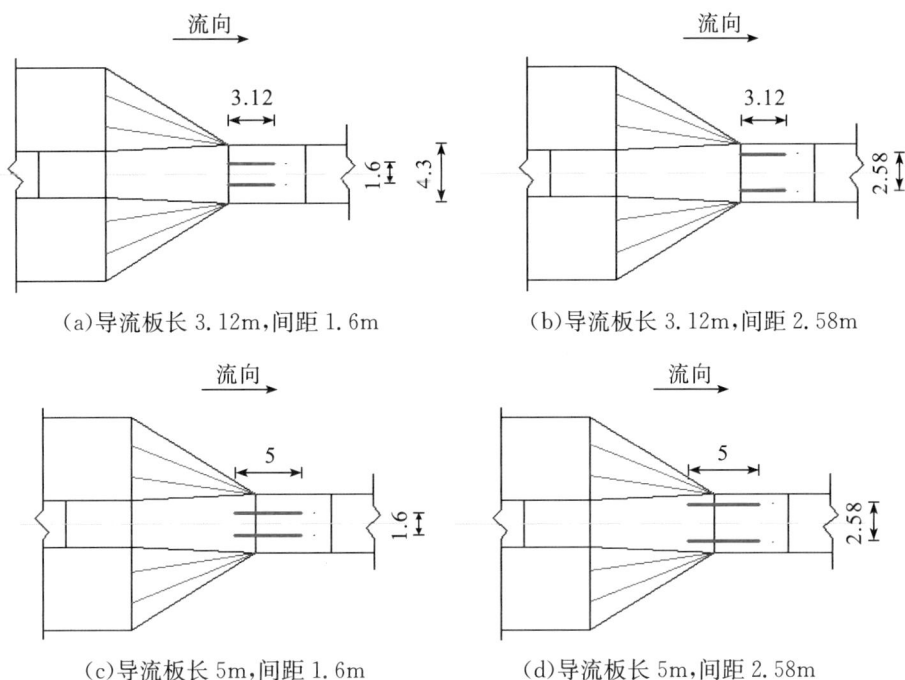

(a)导流板长 3.12m,间距 1.6m

(b)导流板长 3.12m,间距 2.58m

(c)导流板长 5m,间距 1.6m

(d)导流板长 5m,间距 2.58m

图 3.3-3　导流板平面布置(单位:m)

探究导流板在高流量条件下的整流作用及对输水能力的影响,设置在 4 组不同流量工况下,流量范围为 $40.4 \sim 51.3 \text{m}^3/\text{s}$(表 3.3-2),表中 Q 为流量,Fr_u 为上游断面弗劳德数,h_u 为上游断面中垂线处水深。各组水流均为缓流。

表 3.3-2　　　　　　　　导流板措施效果探究的试验工况

组次	$Q/(\text{L/s})$	水面收缩角 $\theta/°$	Fr_u	h_u/cm
1	40.40	34.57	0.33	15.59
2	48.90	33.34	0.34	15.11
3	44.66	31.28	0.36	14.14
4	40.38	29.18	0.38	13.14

当过渡段内布置不同形式的导流板时,过渡段内水面线和水流形态不同,分别如图 3.3-4 和图 3.3-5 所示。但无论哪种布置方式,收缩段出口水流由于强烈惯性作用产生的趋中现象都有所减弱。同时,隧洞内水面波动减弱;隧洞进口处尽管水体紊动强烈,但水流横向分布更均匀。这说明导流板起到了分流作用,并可能破坏了隧洞进口水面附近二次环流作用。本试验中,在导流板 4 种布置方式下,图 3.3-5(c)、图 3.3-5(d)导流板长,水流流经导流板时水面坡降大,局部水头损失大,反而限制了过流;图 3.3-5(b)中两导流板间距不如图 3.3-5(a)中布置均匀,导流板后水面紊动强,有明显的翻滚现象。对此推测,当导流板非均匀分布时,导流板未能完全破坏侧壁剧烈收缩形成的大涡,而导流板下游本身会形成尾涡,紊动强度高(Chang 等,2011),两者相互作用导致导流板后水面存在翻滚。从水面形态和局部损失角度分析,图 3.3-5(a)方式布置的导流板可使进口过渡段水流均匀,且对水流阻碍作用最小。

下面从输水能力角度分析布置导流板图 3.3-5(a)的作用效果。图 3.3-6 给出了各工况下布置导流板前后进口超高及洞身平均超高。由图 3.3-6 可知,布置导流板后隧洞进口超高增加,但仍然不符合规范要求值;隧洞内部水位增高,但设计工况条件下运行时洞身平均超高仍符合安全水平。因此,导流板虽然可以起到促进水流均匀分布的作用,但对提高渠道输水能力作用非常有限。要提高工程的输水能力,必须改变隧洞前过渡段形态,使过渡段均缓收缩。

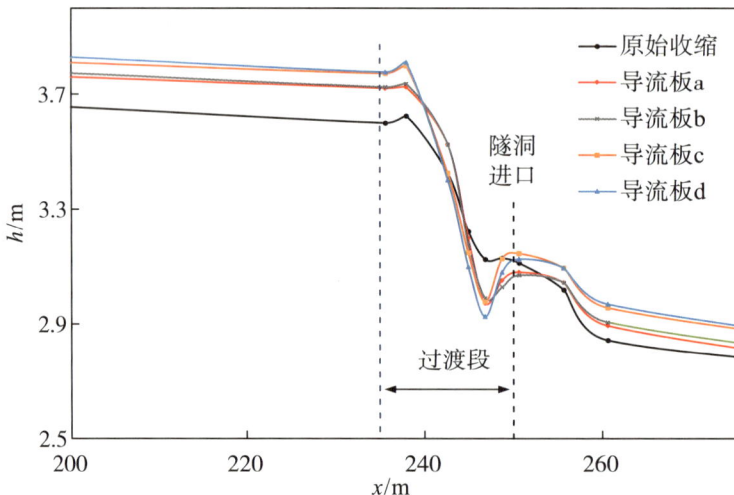

图 3.3-4 布置导流板时隧洞进口附近水面线

(a)导流板长 3.12m,间距 1.6m

(b)导流板长 3.12m,间距 2.58m

(c)导流板长 5m,间距 1.6m

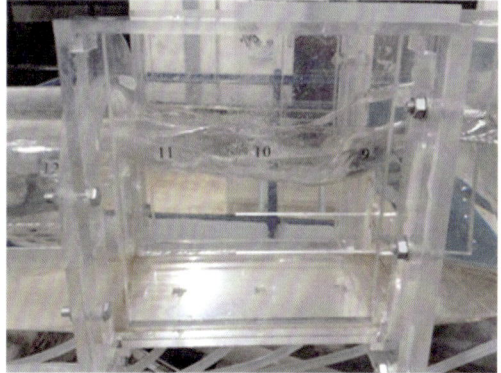

(d)导流板长 5m,间距 2.58m

图 3.3-5　导流板不同方式布置时过渡段水流形态

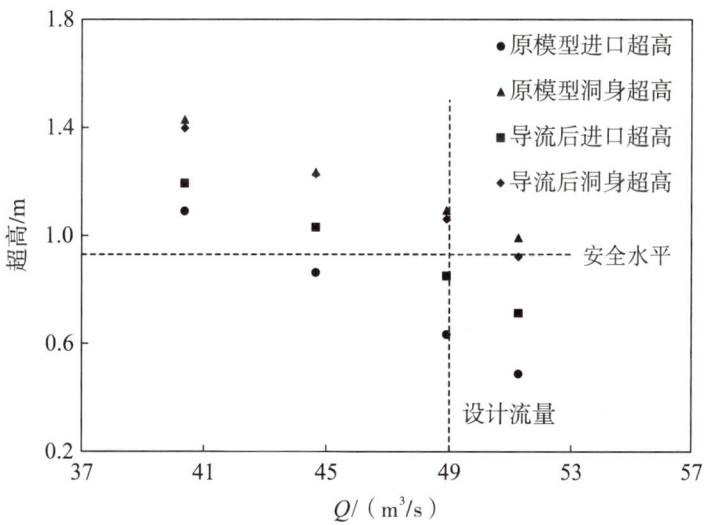

图 3.3-6　布置导流板前后隧洞相关超高

3.3.2 隧洞进口过渡段水动力特性的试验研究

根据工程设计资料,构建了隧洞进口过渡段剧烈收缩和均缓收缩两个试验模型,探究隧洞进口附近水动力性能,包括水面沿程变化规律、流速及紊动强度沿程分布规律,分析进口收缩段对水流结构的影响。

3.3.2.1 试验模型设计

搭建隧洞进口剧烈收缩和均缓收缩两个有机玻璃试验模型,模型平面布置如图 3.3-7 所示。为了叙述方便,将剧烈收缩模型和均缓收缩模型分别记为模型 A 和模型 B,其最大可能水面收缩角分别为 34.8°和 7.4°。两种模型隧洞及上游明渠断面尺寸和纵坡均相同,隧洞长度也保持一致,仅过渡段的长度和纵坡不同。模型 A 是以工程 5# 隧洞原始设计参数为依托设计,模型 B 是在模型 A 基础上优化设计得到。模型的纵剖面相关尺寸设计参数如表 3.3-3,模型安装方式与 3.3.1 节相同。

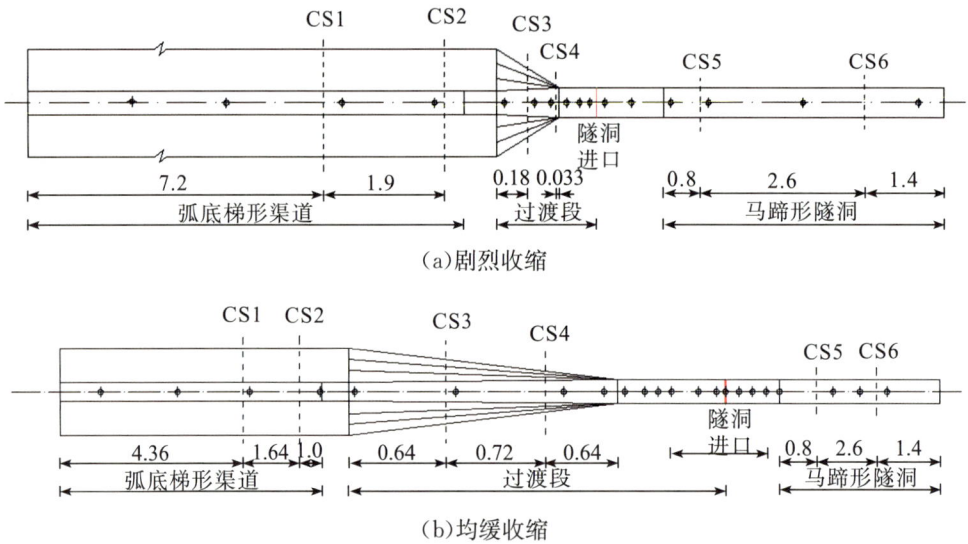

(a)剧烈收缩

(b)均缓收缩

图 3.3-7 隧洞进口收缩段试验模型平面布置(单位:m)

表 3.3-3 　　　　　　　　　　模型纵剖面相关尺寸设计参数

模型	渠段	断面形式	长度/m	纵坡
模型 A (剧烈收缩)	上游明渠	弧底梯形	9.200	0.0010
		弧底→平底梯形	0.200	−0.0890
	过渡段	扭曲面	0.372	0.0656
		矩形	0.228	0.0153
	无压隧洞	城门洞形→马蹄形	0.400	0.0026
		马蹄形	4.800	

模型	渠段	断面形式	长度/m	纵坡
模型 B (均缓收缩)	上游明渠	弧底梯形	7.0	0.0010
		弧底→平底梯形	0.2	−0.0830
	过渡段	扭曲面	2.0	0.0080
		矩形	0.8	0.0153
	无压隧洞	城门洞形→马蹄形	0.4	0.0026
		马蹄形	4.8	

3.3.2.2 试验手段及工况设置

为分析渠道内沿程水面变化规律,试验采用测压管测量渠道沿程中垂线处水深,模型 A 中沿程布置 16 个测点,模型 B 中沿程布置 22 个测点,如图 3.3-7 中空心圈所示。测压管首测点距进口 0.142m,该处水面平稳,不受进口干扰;末测点距隧洞出口 0.03m,以监测出口处无明显水位跌落。测压管测量精度为±1mm。考虑实际水流条件,隧洞进口附近水面波动处辅以测针测水深。为分析隧洞进口附近水流流速分布和紊动特性,沿程共布设 6 个流速测量断面,依次编号记为 CS1、CS2、CS3、CS4、CS5、CS6(图 3.3-7),其中 CS1 断面距渠首距离大于明渠中水流充分发展需要长度 $50R$(R 为水力半径),因此可认为该断面测量结果是有效的;两个模型中 CS5、CS6 断面位置一致,以比较不同收缩段对下游马蹄形隧洞水流水动力特性的影响。采用测针测量 CS1~CS6 测面中垂线处水深,测量精度为±0.1mm。各测面在中垂线处沿垂向布点测量流速,测点垂向间距在渠底附近为 0.5cm,远离渠底区域为 1cm。流速测量采用日本 JFE Advantech 产的二维电磁流速仪 ACM2-RS,如图 3.3-8 所示。采样频率 20Hz,测量精度为 0.5cm/s,各测点采样至少 3 分钟,重复测量 3~5 次,水面及渠底附近紊动剧烈处采样时间延长。ACM2-RS 测量基于法拉第电磁感应定律,仪器置于水体中后,水流中产生同比例电压,传感器将电压换算后得到流速。流速仪感应器直径为 6mm,对水流干扰很小,更适用于小型明渠模型流速测量。试验时每 3 个小时测一次水深,以确定水流条件是恒定的。

在模型 A 和模型 B 中,均在 4 组不同流量条件下进行恒定流试验,试验工况设置如表 3.3-4 所示。在不同组次中,阿拉伯数字相同的工况表示流量大小是可比的。表中 Q 为流量,U_u、Fr_u、Re_u 分别为上游断面平均流速、弗劳德数和雷诺数,水流均为缓流、紊流,B 为来流水面宽度,h 为断面中垂线处水深,各组宽深比 $B/h < 5$,各渠段均可视为深窄型明渠(Nezu,2005);马蹄形隧洞内水深均大于 0.086m,即充满度 $h/D > 0.5$。

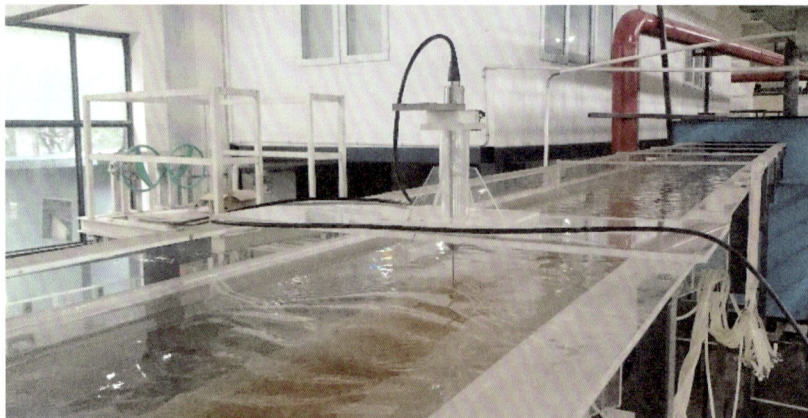

图 3.3-8   二维电磁流速仪测量示意图

表 3.3-4   不同收缩段试验工况设置

组次	$Q/(\text{L/s})$	Fr_u	$Re_u/(\times 10^4)$	$U_u/(\text{m/s})$	B/h
A1	15.365	0.32	8.7	0.296	3.1
A2	14.180	0.34	8.5	0.308	3.1
A3	13.030	0.36	8.3	0.318	3.0
A4	11.924	0.37	8.1	0.329	3.0
B1	15.671	0.27	8.6	0.285	3.1
B2	14.720	0.28	8.5	0.294	3.1
B3	13.414	0.30	8.2	0.299	3.0
B4	11.971	0.31	7.8	0.308	3.0

3.3.2.3   水面沿程变化规律

由中垂线处水深计算 A、B 两组模型中各工况条件下水面线变化,分别如图 3.3-9、图 3.3-10 所示,各图中右侧图示为左侧图示中方框区域的放大显示。由图 3.3-9 中可以看出,在 A、B 两组试验中,过渡段上游梯形明渠内水面平稳,梯形明渠末端水位略有增加,是受渠底由弧底渐变为平底影响所致。下游马蹄形隧洞内水面沿程均匀降低。过渡段内水面沿程变化显著,且过渡段剧烈收缩和均缓收缩时,过渡段内水面变化规律不同。进口前扭曲面内断面收缩,断面平均流速增加,水位下降。剧烈收缩时,隧洞进口附近水位壅高;水体紊动强烈,受收缩水流惯性及隧洞进口城门洞形断面顶拱两侧挡水作用影响,水流横向分布不均,断面中部水位高于两侧壁附近水位,水位差最大可达 5.4%,如图 3.3-11 所示。

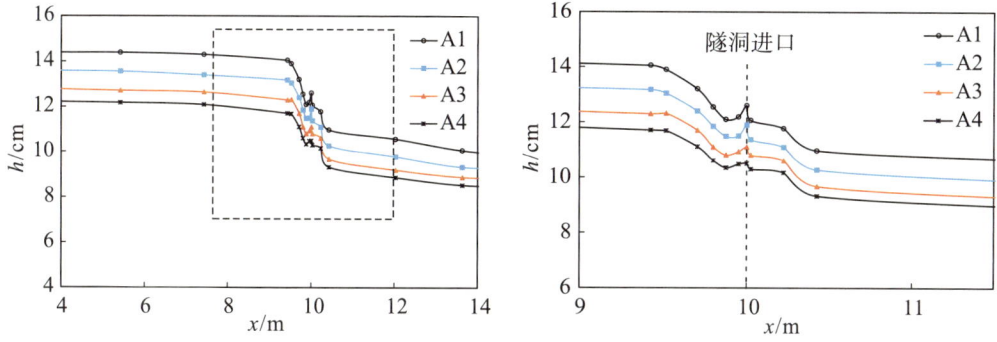

图 3.3-9　模型 A 中各工况条件下水面线变化

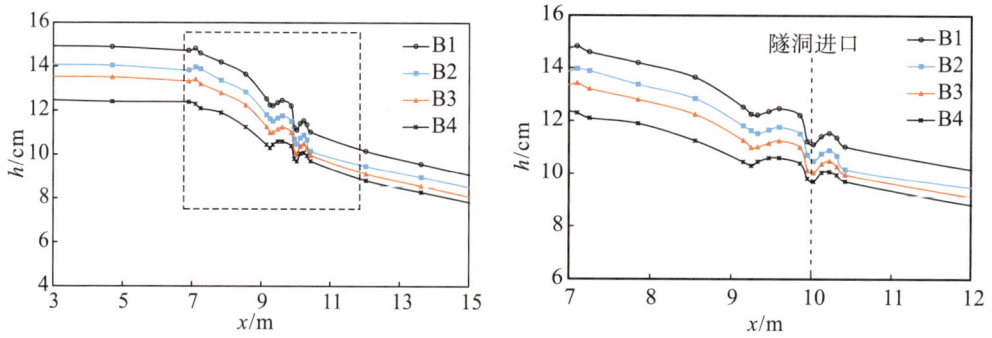

图 3.3-10　模型 B 中各工况条件下水面线变化

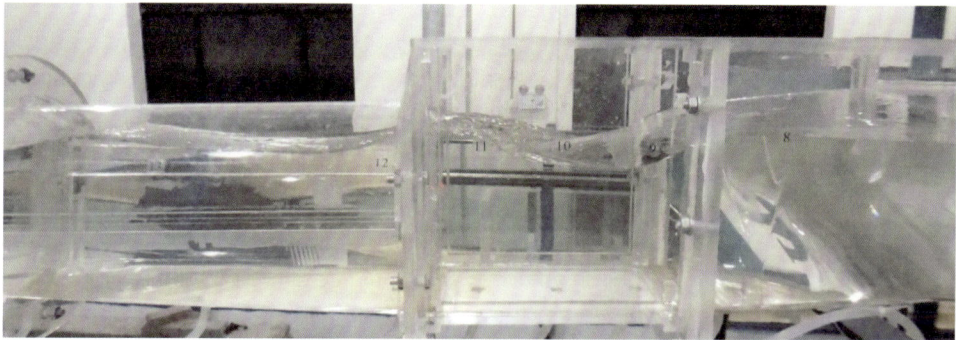

（a）隧洞进口附近水面壅高及洞内水面波动作用

 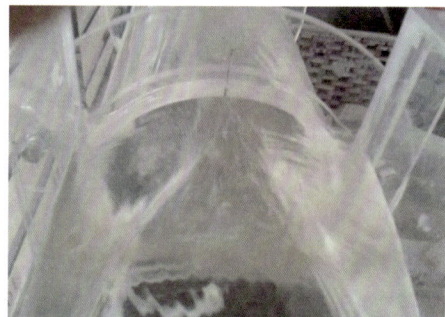

（b）隧洞进口处断面中部水面高　　（c）隧洞进口呈收缩水流特征

图 3.3-11　模型 A 剧烈收缩时隧洞进口附近水面特征

在模型试验中,隧洞内主要在渐变段部分存在明显的水面波动,隧洞内水面波动不明显;在观测精度允许的范围内,隧洞洞身内横向水面坡度可忽略不计。试验中洞内水面波动不明显,可能是由于测压管测水深时消除了水面波动和脉动压力的影响(孔祥柏和吴家麟,1982)。在实际过程中,隧洞内水面波动可能是由于进口过渡段内侧壁收缩干扰形成的波动向下游传播所致;同时隧洞内水体紊动加剧也会引发水面波动。经计算,马蹄形隧洞内水流弗劳德数约为 0.7,相比上游来流增加约 1 倍。EI-Shewey 和 Joshi(1996)在侧向局部对称突缩明渠内试验得到,渠道收缩段内水流弗劳德数增加,当弗劳德数增加至 0.6 时,水体表面就开始产生波动而变得不稳定,同时尽管水流尚未达到临界流状态,但收缩段内及出口附近一段距离内已表现出斜震波的特征。缓流水面波动和斜震波的作用可能互相增强,导致水体紊动增强。

扭曲面均缓收缩时,由于断面平均流速增加,过渡段内水位降低,但水面下降的坡度相对较小。隧洞进口渐变段部分仍然存在水面波动,但波动有所减弱,如图 3.3-12 所示。隧洞进口附近水面平稳,水流横向分布较均匀,水流过流条件良好,如图 3.3-13 所示。

图 3.3-12 模型 B 均缓收缩时隧洞内水面波动减弱

图 3.3-13 模型 B 均缓收缩时隧洞进口水面平稳

由此可见,若仅按均匀流设计输水隧洞,忽略隧洞进口过渡段内水动力性能变化的影响,将带来隧洞超高不足的隐患,威胁输水工程安全,限制工程输水能力。

3.3.2.4 纵向流速分布沿程变化

为分析渠道内纵向时均流速沿程变化,以 A1、A4、B1、B4 4 组工况为例,绘制各测面中垂线处纵向时均流速垂向分布,如图 3.3-14 所示。图中 h 为中垂线处水深,y 为到测线所在渠底的距离。由图 3.3-14 可知,上游梯形明渠内流速分布沿程变化很小,可认为上游来流均匀;收缩段内时均流速沿程增加。

(a)工况 A1　　　　　　　　(b)工况 A4

(c)工况 B1　　　　　　　　(d)工况 B4

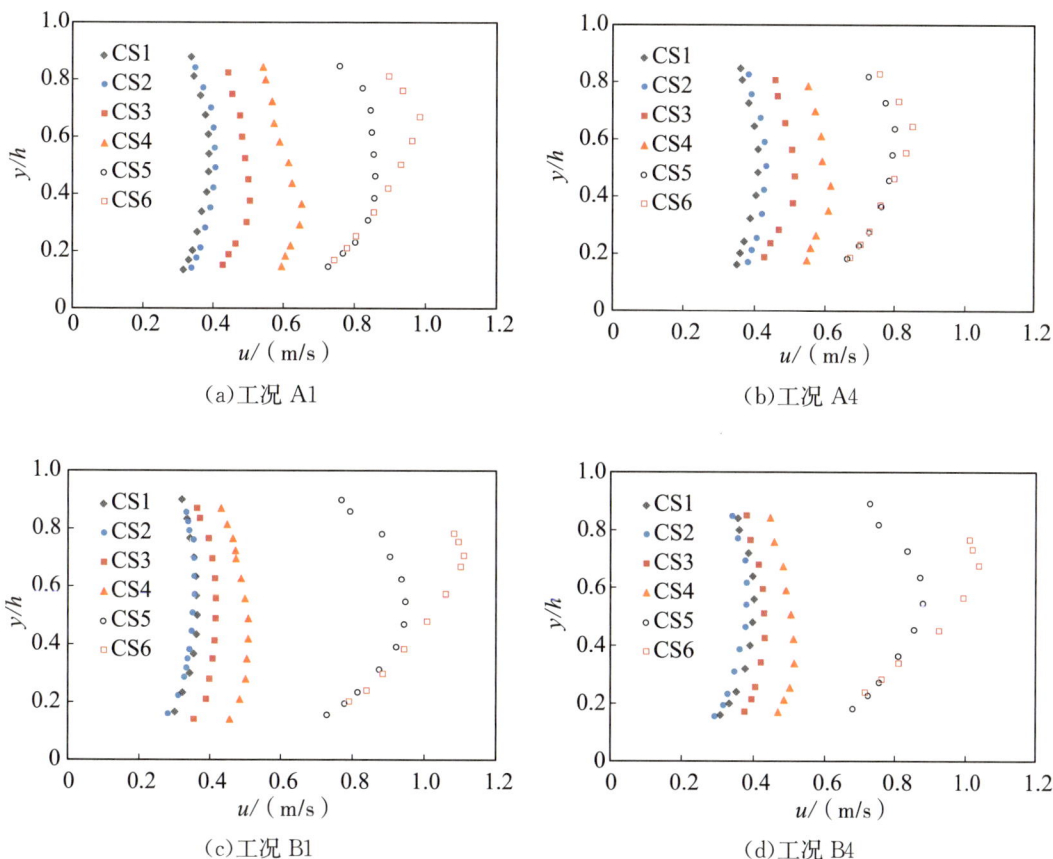

图 3.3-14　渠道沿程各测面纵向流速分布

从图 3.3-14 还可以看出,各个测面中垂线上纵向最大流速位置出现在水面以下某处。在剧烈收缩和均缓收缩过渡段各组次试验中,过渡段内及其下游马蹄形隧洞 CS5 断面处纵向时均流速分布如图 3.3-15 和图 3.3-16 所示,图中 u_m 为中垂线上纵向最大流速。由图 3.3-15、图 3.3-16 可以看出,各断面上最大流速位置在不同流量条件下相对固定,计算各断面在 4 组流量条件下最大流速位置 y_m/h 平均值,见表 3.3-5。表中 ACS2 表示 A 组工况中 CS2 测面,后续表达以此类推。

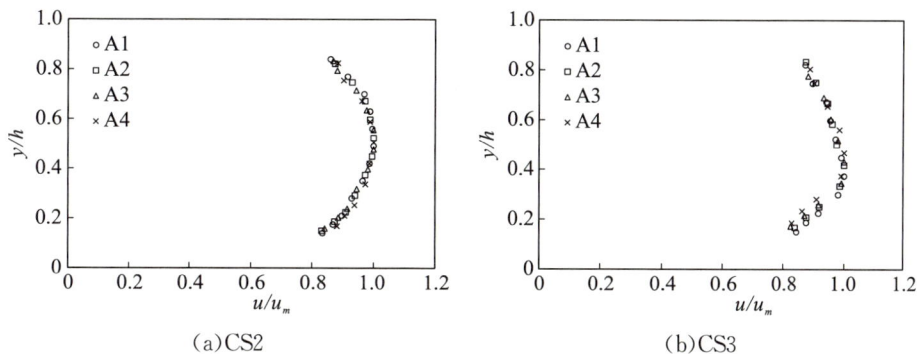

(a)CS2　　　　　　　　(b)CS3

（c）CS4　　　　　　　　　　　（d）CS5

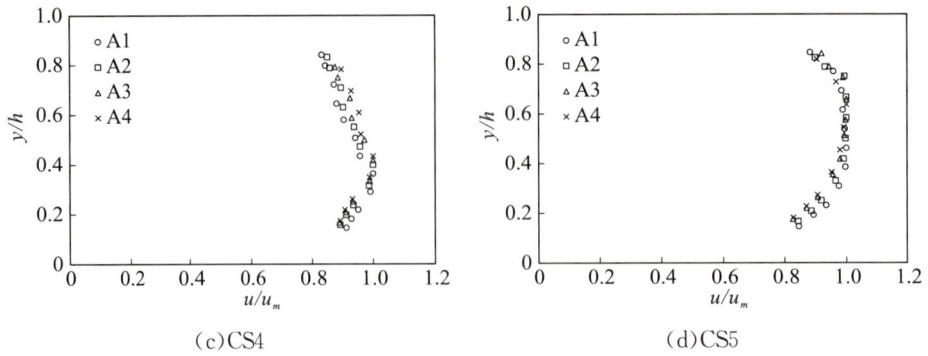

图 3.3-15　A 组各流量条件下不同断面纵向时均流速垂向分布

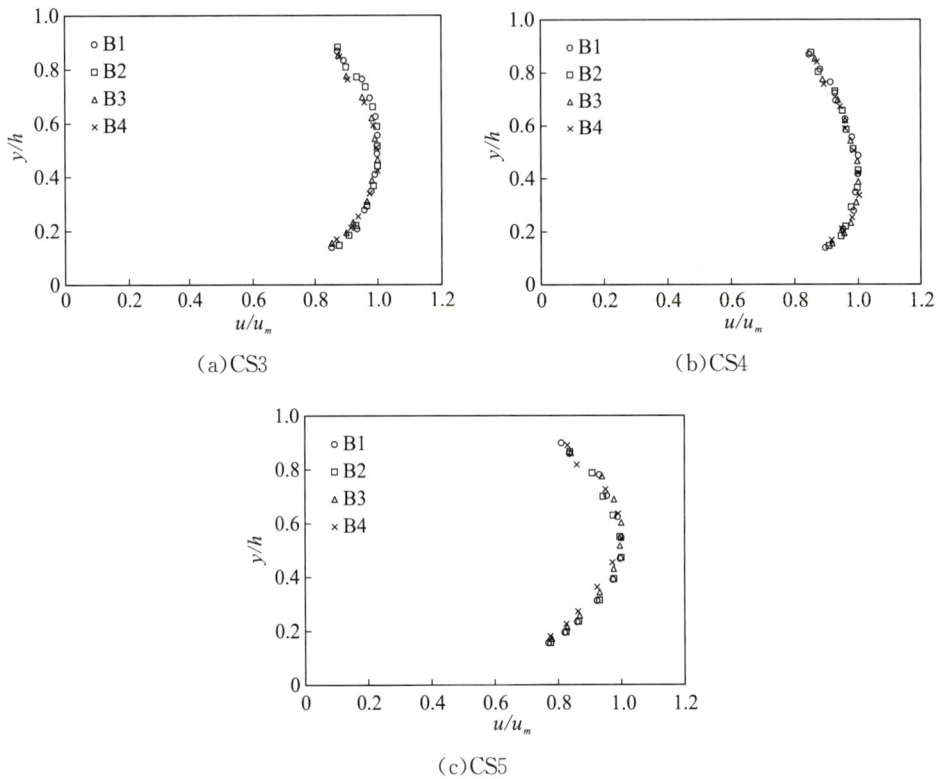

（a）CS3　　　　　　　　　　　（b）CS4

（c）CS5

图 3.3-16　B 组各流量条件下不同断面纵向时均流速垂向分布

表 3.3-5　　　　　　　　　　　　各断面中垂线处纵向最大流速位置

组别断面	ACS2	ACS3	ACS4	ACS5	BCS3	BCS4	BCS5
y_m/h	0.50	0.42	0.40	0.68	0.47	0.43	0.54

由均匀流研究分析可知,均匀流中最大流速位于水面以下是渠道内存在紊动各向异性作用导致的第二类二次流。在深窄型明渠中,二次流将侧壁附近低速水体输运至中部,将水面附近流速大的水体输运至下方,导致中垂线处纵向最大流速位置下

潜。在收缩段内,越向下游发展,最大流速位置越低,水面附近流速越小。一方面,收缩段内渠道宽深比沿程减小,均匀流研究表明,渠道宽深比越小,最大流速位置越低;另一方面,也是最主要的,在收缩段内纵向时均流速沿程增加,$\partial u/\partial x \neq 0$,渠道内存在纵向涡的拉伸作用(Perkins,1970),这将导致普朗特第一类二次流形成,第一类二次流作用比第二类二次流作用更强,二次流流速更大(Papaniolau 和 Hilldale,2002)。因此收缩段内二次流作用比同等宽深比渠道内均匀流二次流作用更显著。Yang 等(2006)在顺直渠道加速流试验中也报道了类似现象,当水流流速沿程增加时,水面附近垂直向下的流速更大,最大流速位于水面以下现象更显著,最大流速位置更低。在矩形断面明渠均匀流中,二次流的表面涡位于相对水深 $y/h = 0.6 \sim 1$ 范围(Nezu,Nakagawa;1993),收缩段内二次流强度增加,垂向尺度及其对流速的影响区域将更大。过渡段下游,水流逐渐恢复均匀,因此最大流速位置有所上升。从图 3.3-14 还可以看出,马蹄形隧洞内 CS5 和 CS6 测面处底部($y/h < 0.4$)纵向流速分布趋近一致,说明二次流对流速分布的影响主要在水面附近,起作用的是表面涡,而渠底附近的纵向流速分布主要是受到壁面条件和纵坡影响。

收缩段内,尤其是剧烈收缩时,受二次流影响,纵向流速垂向分布规律沿横向可能不同。但 Wang 等(2015)试验发现,在边壁呈正弦式变化的明渠中,当渠道收缩至最窄处时,纵向流速的垂向分布沿横向趋近一致,推测可能是由于收缩段内水流弗劳德数大,纵向流速受侧壁影响减小。在试验研究中,限于渠道尺寸小及量测精度有限,未能沿收缩段横向布置测线,因此无法确定收缩段内流速分布在横向上的差异,该不足之处将在下一章中通过数值手段补充分析。

由图 3.3-15 和图 3.3-16 可知,当收缩段均缓收缩时,水面平缓,各断面中垂线处纵向流速分布不受流量不同影响。当收缩段剧烈收缩时,纵向流速分布在过渡段上游在不同流量条件下仍相同,但在过渡段内及下游马蹄形隧洞内,纵向流速分布在不同流量条件下略有不同。在 $y/h < 0.4$ 范围流速分布差异主要因为水面坡度不同所致。收缩段出口附近(CS4 测面),纵向流速分布在 $0.4 < y/h < 1$ 范围存在差异,是因为收缩段内横向速度增加,主流速相对有所减小;流量越大时,收缩段内二次流速越大,同一垂向位置处纵向流速越小。收缩段下游马蹄形隧洞内 CS5 测面纵向流速分布在水面附近 $0.8 < y/h < 1$ 处存在差异,则主要由隧洞内的水面波动所致。

3.3.2.5 过渡段内紊动强度分布

以 A1、A4、B1、B4 四组工况为例,绘制收缩段内各测面中垂线处纵向紊动强度的垂向分布,以分析其沿程变化规律。从图 3.3-17 中可以看出,纵向紊动强度在收缩段内沿程降低。Ramjee 等(1972)通过试验测量收缩段上游和下游进出口附近紊动强度,得到同样推论,渠道断面收缩越剧烈时,纵向紊动强度沿程衰减更显著。

Ramjee 等的试验在收缩段内并未布置测量断面,提出在符合特定条件下,可利用线性扭曲理论计算。书中后文将对此做详细介绍。

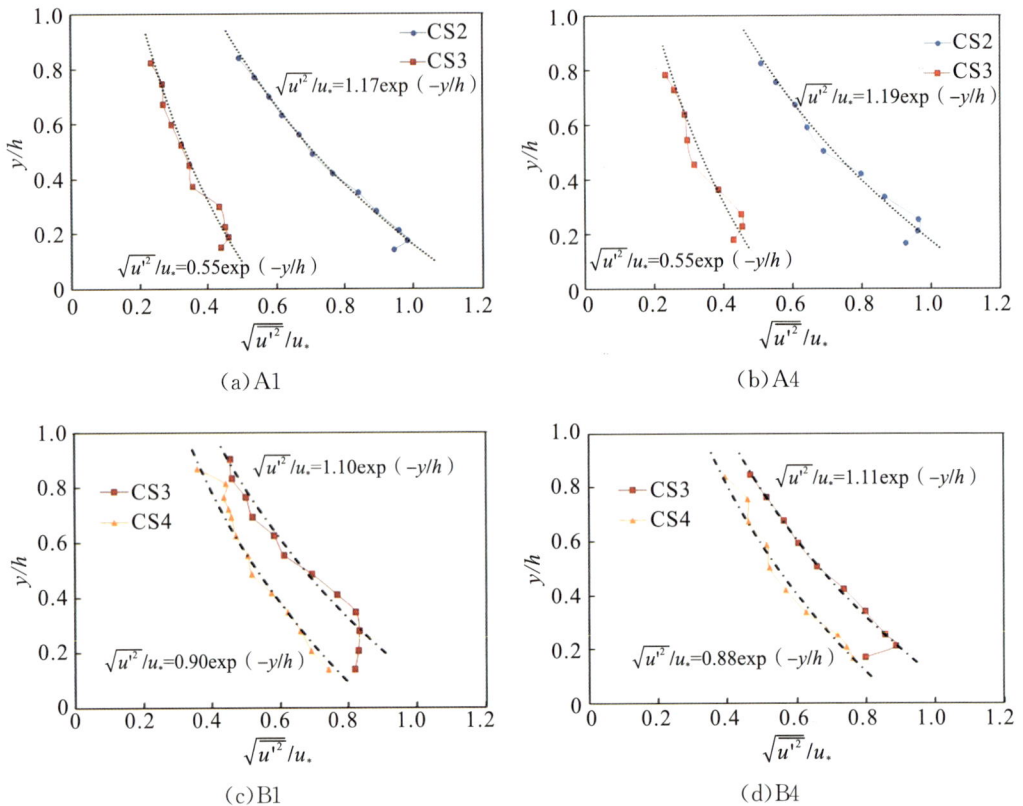

图 3.3-17　收缩段内纵向紊动强度变化规律

收缩段内,纵向紊动强度在远离渠底区均随垂向位置增加而减小,且其垂向分布规律仍可由指数型半经验公式(1-5)表达,各测线公式拟合结果一并绘于图 3.3-17 中,其中摩阻流速 u_* 通过对纵向流速分布在 $y/h<0.4$ 处进行对数拟合得到,经验参数 D_u 值见表 3.3-6,表 3.3-6 中 RMSE 值为拟合结果的误差均方根。近壁区紊动强度通过接触式测量难以获得,故本章中不作讨论。从表 3.3-6 中可以推测,收缩段内 D_u 值沿程减小。一方面,收缩段内渠道宽深比沿程减小,而 D_u 值在深窄型明渠均匀流中比宽浅型中相应值小(Auel 等,2014);另一方面,收缩段内水流流速沿程增加,而加速流中 D_u 值小于相应均匀流中取值(Cardoso 等,1991)。D_u 大小变化说明纵向紊动强度的垂向分布不仅受渠道宽深比影响,还与沿程断面非均匀性有关。

表 3.3-6 收缩段内纵向紊动强度指数分布式中经验参数 D_u 值

组次	断面	D_u	RMSE 值
A1	CS2	1.17	0.009
	CS3	0.55	0.015
A4	CS2	1.19	0.024
	CS3	0.55	0.024
B1	CS3	1.11	0.027
	CS4	0.88	0.024
B4	CS3	1.10	0.008
	CS4	0.90	0.020

　　收缩段内，水流纵向紊动强度沿程减小的现象可用涡的拉伸机制解释（Uberoi，1956）。普朗特假设，紊流中涡量是主要变量，且纵向脉动速度主要由垂直于纵向的涡丝决定。当壁面影响可忽略不计时，不可压缩流体的流速变化仅由涡量引起。因此可通过考虑收缩对涡量的影响分析收缩对紊动的影响。设黏性影响可忽略不计，则侧壁收缩将使涡漩拉伸，横向尺度减小，纵向尺度相应增加，因此纵向紊动强度减小。当紊动水体在收缩段内扭曲充分快时，可利用线性扭曲理论分析（Batchelor，Proudman；1952）。扭曲充分快的判别条件是满足（Ramjee 等，1972）：

$$\frac{L}{0.5B} << (\frac{1}{0.5B})^{1/2}(\frac{\bar{U}}{\sqrt{\overline{u'^2}}})\tag{3-1}$$

式中，L——过渡段长度；

　　B——水面宽度；

　　$\bar{U}$ 和 $\sqrt{\overline{u'^2}}$——纵向时均流速和纵向紊动强度的深度平均值。

　　以 A 组剧烈收缩渠道为例进行分析，各工况下式(3-1)所述判别条件均成立。根据线性扭曲理论，当扭曲充分快时，若 $a<4$，可计算收缩段进出口纵向紊动强度变化如下：

$$\mu = \frac{\sqrt{\overline{u'^2_{out}}}}{\sqrt{\overline{u'^2_{in}}}} = \sqrt{\frac{3}{4}a^{-2}(\frac{1+\alpha^2}{2\alpha^3}\ln\frac{1+\alpha}{1-\alpha}-\alpha^{-2})}\tag{3-2}$$

式中，μ——收缩段前后中垂线处纵向紊动强度的深度平均值之比；

　　a——收缩段断面面积收缩比；

　　a——参数，$\alpha^2=1-a^{-3}$。

　　取 CS2 和 CS4 断面作收缩段进出口断面计算，得 A1～A4 各工况 μ 值分别为0.739、0.744、0.765 和 0.791；根据试验测量结果计算得相应 μ 值分别为 0.748、0.720、

0.762 和 0.814，各组计算结果相对误差均小于 3%，认为式(3-2)的预测结果可靠，线性扭曲理论在判别条件满足的情况下，可用于分析收缩段内纵向紊动强度的变化情况。

下面简单分析收缩段内横向紊动强度分布规律。仍以 A1、A4、B1、B4 四组工况为例，图 3.3-18 和图 3.3-19 分别给出了 A 组剧烈收缩段和 B 组均缓收缩段内横向紊动强度分布规律，为便于比较，相应测面处的纵向紊动强度分布情况一并绘出。

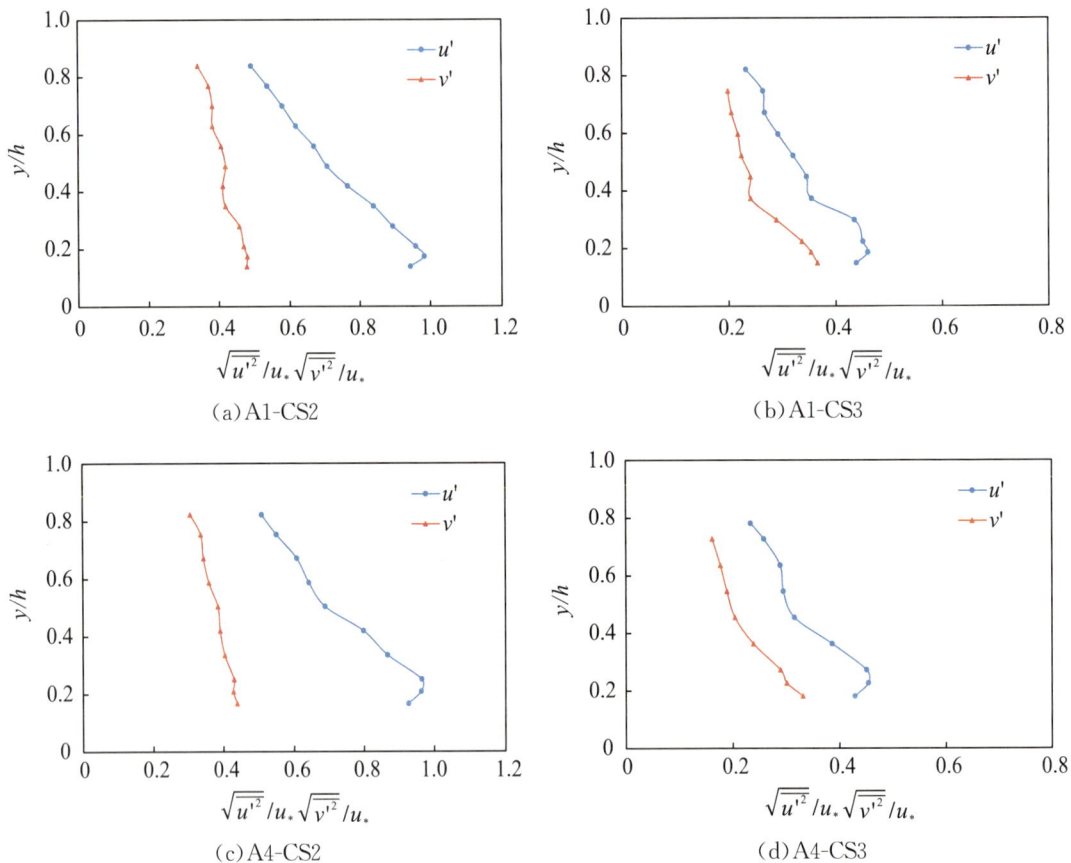

(a)A1-CS2

(b)A1-CS3

(c)A4-CS2

(d)A4-CS3

图 3.3-18　A 组试验条件下收缩段内纵、横向紊动强度分布规律

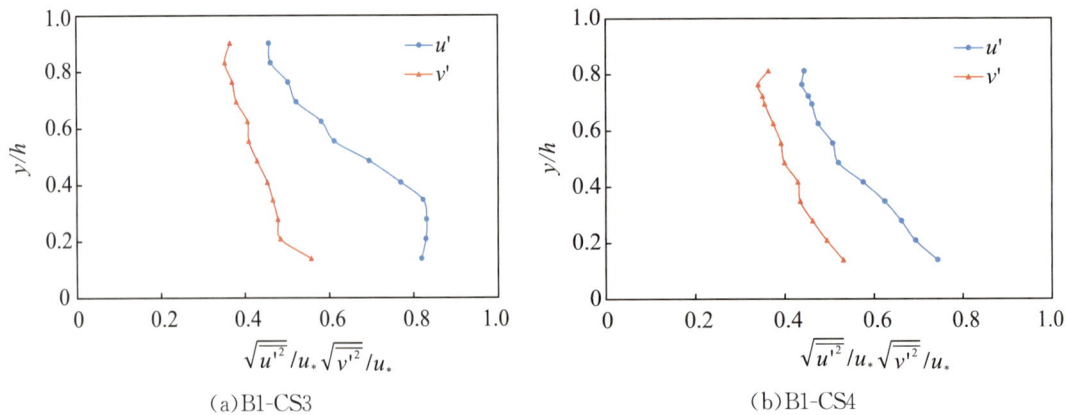

(a)B1-CS3

(b)B1-CS4

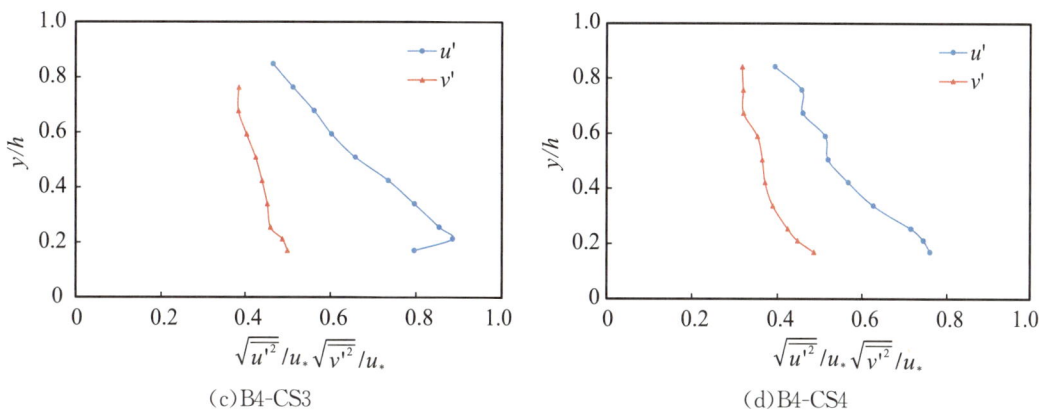

(c)B4-CS3   (d)B4-CS4

图 3.3-19　B 组试验条件下收缩段内纵、横向紊动强度分布规律

由图 3.3-18 和图 3.3-19 可以看出,收缩段内横向紊动强度在 $0.1 < y/h < 0.8$ 范围内均随垂向位置增加而减小,其垂向分布仍可通过指数型半经验公式(1-11)表达,但收缩段沿程不同断面处 λ_v 并不保持常值,且收缩越剧烈,λ_v 值变化越大;相应经验参数 D_v 值也不同,但变化较小,如 A 组剧烈收缩过渡段中,CS2 测面中垂线处 λ_v 约为 1.2,D_v 约为 0.41,而 CS3 测面中垂线处 λ_v 约为 0.49,D_v 约为 0.5(不同流量工况平均结果)。这在分布规律上直观表现为横向紊动强度的垂向分布形态变化较大,而深度平均值沿程变化很小。如在 A1 和 A4 工况下,CS3 断面和 CS2 断面处深度平均横向紊动强度值之比分别为 1.10 和 1.13。在渠底附近,收缩段入口附近纵向紊动强度最大值约为横向紊动强度最大值的 2 倍;在收缩段内,纵向紊动强度沿程降低,而横向紊动强度几乎不变,甚至略有增加,因此收缩段内在涡的拉伸机制作用下,紊动能产生重分布,横向紊动强度与纵向紊动强度差异逐渐减小,但仍保持纵向紊动强度大于横向紊动强度的规律,即收缩段内水流仍保持各向异性。EI-Shewey 和 Joshi(1996)在局部对称突缩渠道内试验也得到类似结论,认为在收缩段下游横向紊动强度与纵向紊动强度差值逐渐减小,但始终小于纵向紊动强度,如图 3.3-20 所示。

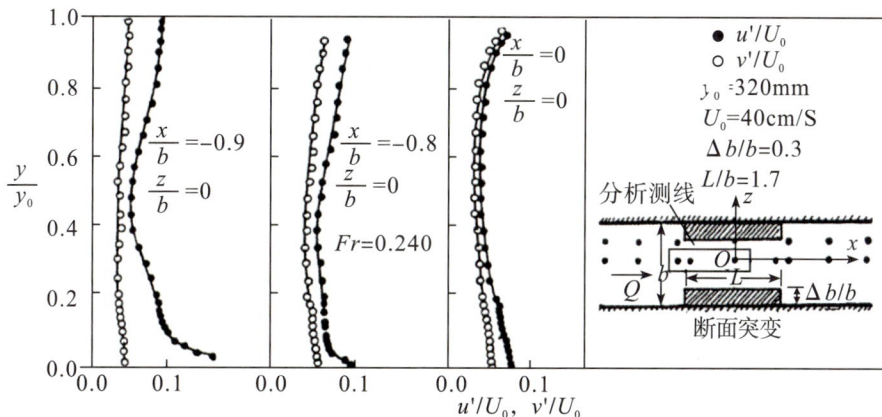

图 3.3-20　侧向局部突缩渠道内纵、横向紊动强度分布(EI-Shewey,Joshi;1996)

3.3.2.6 收缩段对隧洞内纵向紊动强度分布影响

通过比较各组工况中马蹄形隧洞内 CS5 和 CS6 测面纵向紊动强度分布,分析收缩段对隧洞内水流紊动强度的影响,如图 3.3-21 所示。根据第 2 章均匀流研究成果,马蹄形隧洞内充满度为 70% 左右时,纵向紊动强度沿垂向位置增加呈先减小再增加,于 $y/h=0.7$ 附近达到最小值。当洞前有收缩段时,纵向紊动强度垂向变化趋势不变,仍然是沿垂向位置增加呈先减小再增加,但紊动强度大小沿程存在变化。剧烈收缩时,马蹄形隧洞 CS5 测面受收缩段影响,纵向紊动强度在垂向达到最小值的位置更低,约在 $y/h=0.6$ 处,且在水面波动作用下,水面附近纵向紊动强度增加值更大;CS6 测面处,纵向紊动强度在 $y/h=0.7$ 附近达到最小值,表明隧洞内水流向下游发展有恢复均匀的趋势。在中间区,隧洞进口附近 CS5 测面内纵向紊动强度比下游 CS6 测面内相应值小。均缓收缩时,纵向紊动强度分布沿程变化有类似规律,越向下游发展,纵向紊动强度达到最小值的位置有所上升,同时水面附近紊动强度减小。

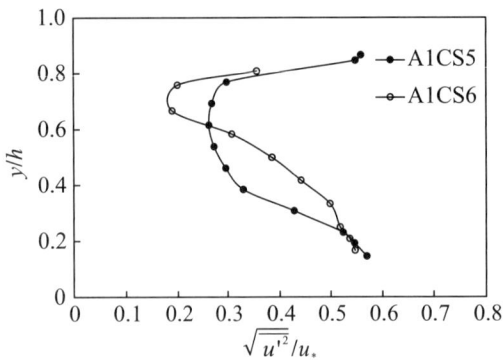

(a) A1 工况

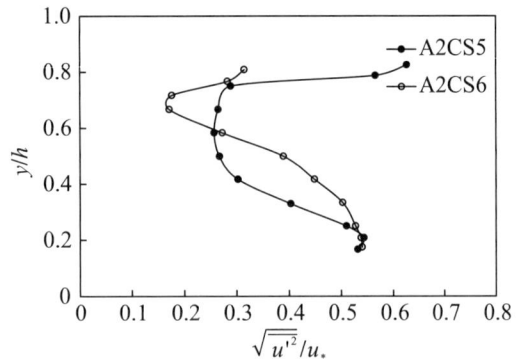

(b) A2 工况

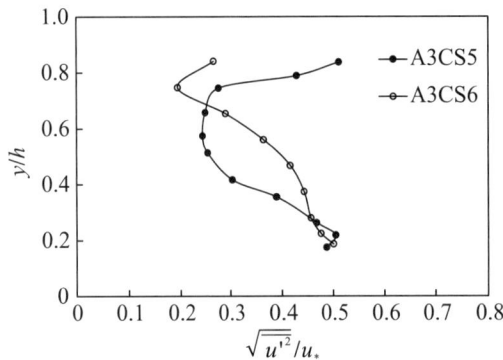

(c) A3 工况

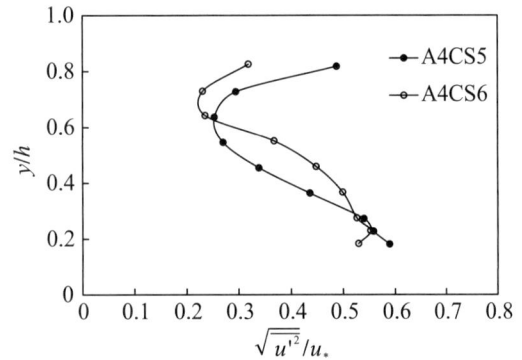

(d) A4 工况

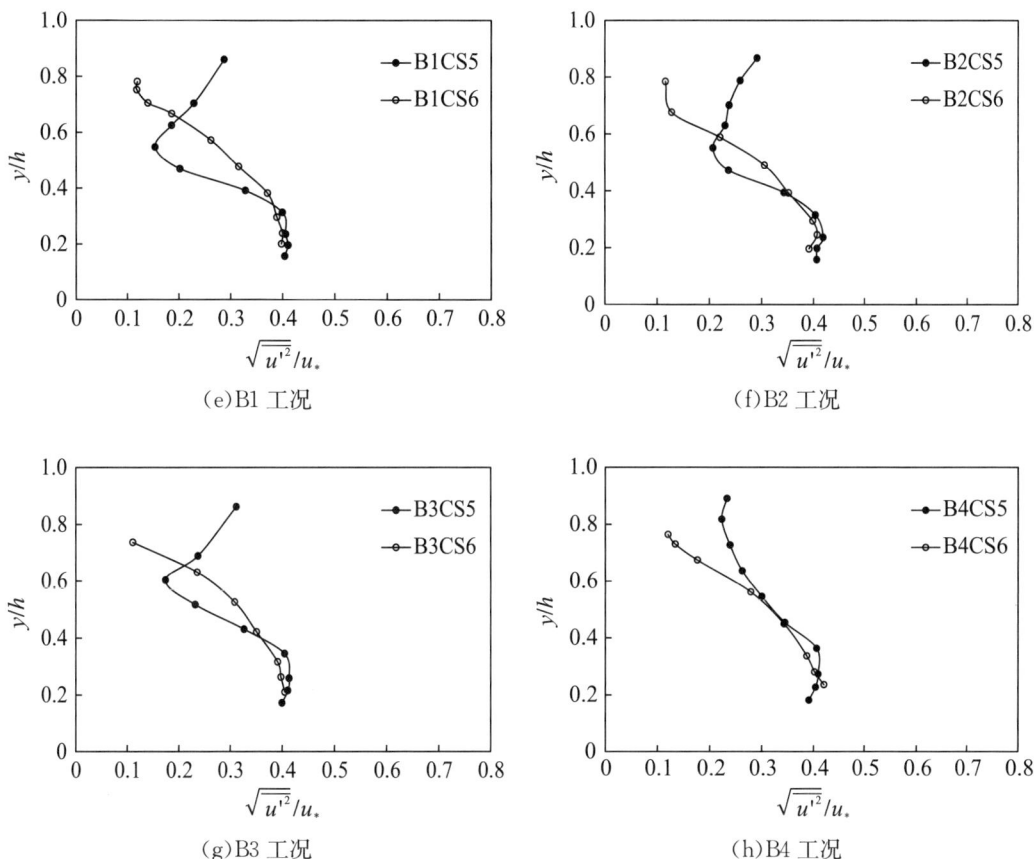

（e）B1 工况

（f）B2 工况

（g）B3 工况

（h）B4 工况

图 3.3-21　各组工况下 CS5、CS6 测面纵向紊动强度分布比较

3.3.2.7　小结

本小节通过分别测量无压隧洞进口剧烈收缩段和均缓收缩段内沿程不同断面中垂线处水深及流速，分析了渠道内纵向时均流速沿程变化规律，收缩段内纵向、横向紊动强度的分布规律，以及收缩段对马蹄形隧洞内纵向紊动强度分布的影响，得到如下结论：

①收缩段内水面沿程降低。收缩段剧烈变化时，隧洞进口附近水面波动大，水流出收缩段后，水位先下降再增加；水流横向分布不均，隧洞进口处断面中部水面高于侧壁处水面，容易造成洞内局部封顶。收缩段均缓变化时，沿程水面变化平缓，在隧洞进口前水位下降；水流横向分布均匀，输水隧洞运行安全度更高。

②渠道收缩段内，纵向时均流速沿程增加，二次流作用增强。受过渡段内二次流影响，纵向最大流速位于水面以下，且越靠近收缩段出口，最大流速位置越低，水面附近纵向流速减小的现象越明显。过渡段下游，随着水流逐渐调整，最大流速位置逐渐升高。

③渠道收缩段内，纵向紊动强度在非近壁区随垂向位置增加而减小，可由指数分

布式表达,式中经验参数 D_u 值沿程减小。收缩段内纵向紊动强度沿程降低,可通过涡的拉伸机制解释,在满足扭曲充分快的条件下,收缩段进出口纵向紊动强度比值可通过线性扭曲理论计算。

④渠道收缩段内,横向紊动强度在非近壁区的垂向分布仍可用指数分布式表达,但沿程不同断面经验参数 λ_v 取值不同。收缩段内横向紊动强度大小略有增加,但仍保持小于纵向紊动强度大小。

⑤马蹄形隧洞内进口附近,受收缩段影响,纵向紊动强度在垂向上达到最小值的位置降低。收缩段不改变下游纵向紊动强度分布形态,即在非近壁区随垂向位置上升而先减小后增大,但将影响纵向紊动强度大小。水面附近由于水面波动作用,纵向紊动强度增大;而中间区纵向紊动强度降低。

3.3.3 隧洞进口过渡段水动力性能的仿真研究

前一小节通过试验观测研究了输水隧洞进口过渡段附近的水动力性能,重点分析了沿程中垂线处纵向流速和紊动强度的分布规律。然而过渡段剧烈收缩时,隧洞进口附近水流横向分布不均,因此还有必要对整个断面内纵向流速分布展开研究。断面纵向流速分布规律将受二次流作用影响。收缩段内二次流作用比均匀流中强烈,尤其是剧烈收缩时,隧洞进口附近二次流形态结构可能和均缓收缩时有所不同。本小节利用数值模拟手段,在评估不同类型紊流模型对隧洞进口附近二次流现象预测能力的基础上,选取合适的紊流模型研究收缩段对隧洞进口附近二次流形态及断面流速分布的影响。

3.3.3.1 数值计算模型

本小节中,仍然记隧洞进口剧烈收缩模型为模型 A,均缓收缩模型为模型 B。由于研究重点在隧洞及其进口过渡段内,计算模型将马蹄形隧洞段延伸至 5.3m,上游梯形断面全部设为平底梯形断面,纵坡仍为 0.001。计算模型及各渠段纵向长度如图 3.3-22 所示。直角坐标系建立与前述相同。

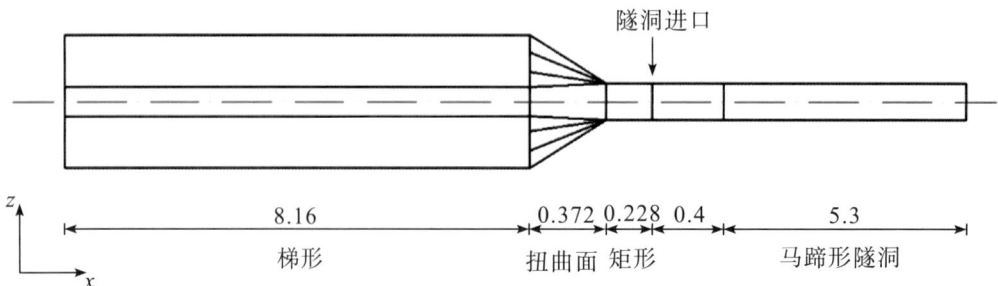

(a)剧烈收缩模型

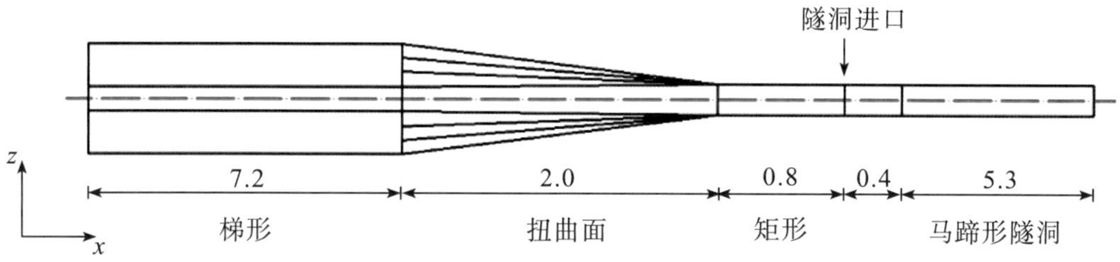

（b）均缓收缩模型

图 3.3-22　计算模型示意图（单位：m）

3.3.3.2　数值模型方法

（1）模型原理

受隧洞进口过渡段影响，渠道内沿程存在水面变化；过渡段剧烈收缩时，隧洞进口附近存在横向水面坡度，因此第 2 章均匀流研究中采用的刚盖假定不再适用，本小节研究中利用 VOF 模型计算。VOF 方法通过求解各单元体内不同流体的体积函数确定自由液面位置，各单元体中各相流体体积函数之和为 1，即

$$\sum_{q=1}^{n} \alpha_q = 1 \tag{3-3}$$

式中，α_q——控制体内第 q 相液体的体积分数。

使用 VOF 方法时，对各相流体单独求连续性方程，运动方程及其他变量的输运方程将单元体视作整体计算。第 q 相液体的连续性方程及雷诺方程分别如下：

$$\frac{\partial \alpha_q}{\partial t} + u_i \frac{\partial \alpha_q}{\partial x_i} = 0 \tag{3-4}$$

$$\frac{\partial u_i}{\partial t} + u_j \frac{\partial u_i}{\partial x_j} = -\frac{1}{\rho} \frac{\partial p}{\partial x_i} + \frac{1}{\rho} \frac{\partial}{\partial x_j} (\mu \frac{\partial u_i}{\partial x_j} - \overline{\rho u'_i u'_j}) + g_i \tag{3-5}$$

式中，u_i——x_i 方向流速；

t——时间；

p——时均压强；

g_i——x_i 方向重力加速度；

ρ——控制体密度，$\rho = \sum \alpha_q \rho_q$。

单元体各相共有的变量参数，如雷诺应力、紊动能、紊动能耗散率等计算均以此类推。

紊流模型分别采用 RNG k-ε 模型、RSM 模型和大涡模拟 LES 进行。RSM 模型属于 RANS 各向异性模型，雷诺应力通过雷诺应力输运方程求解，在 2.2 节中已有介绍，这里不再做赘述。RNG k-ε 模型是两方程模型中一种，但相比标准 k-ε 模型参数选取更具有理论依据（Yakhot，Orszag；1986），且对流线弯曲的流动有更精确的预测

93

能力（FLUENT，2006）。RNG k-ε 模型属于 RANS 各向同性模型，雷诺应力通过布辛涅斯克假设计算：

$$-\overline{u'_i u'_j} = \nu_t \left(\frac{\partial u_i}{\partial x_j} + \frac{\partial u_j}{\partial x_i} \right) - \frac{2}{3} \delta_{ij} k \tag{3-6}$$

式中，δ_{ij}——克罗内克符号；

υ_t——紊动运动黏性系数，通过下式计算：

$$\nu_t = c_\mu \frac{k^2}{\varepsilon} \tag{3-7}$$

式中，$c_\mu = 0.085$。

紊动能 k 和紊动能耗散率 ε 的输运方程分别为：

$$\frac{\partial k}{\partial t} + u_i \frac{\partial k}{\partial x_i} = \frac{\partial}{\partial x_i} \left(\frac{\nu_t}{\sigma_k} \frac{\partial k}{\partial x_i} \right) + P_k - \varepsilon \tag{3-8}$$

$$\frac{\partial \varepsilon}{\partial t} + u_i \frac{\partial \varepsilon}{\partial x_i} = \frac{\partial}{\partial x_i} \left(\frac{\nu_t}{\sigma_\varepsilon} \frac{\partial \varepsilon}{\partial x_i} \right) + c_{\varepsilon 1} \frac{\varepsilon}{k} P_k - c_{\varepsilon 2} \frac{\varepsilon^2}{k} - c_\mu \eta^3 \frac{1 - \eta/\eta_0}{1 + \beta \eta^3} \frac{\varepsilon^2}{k} \tag{3-9}$$

$$P_k = \nu_t \left(\frac{\partial u_i}{\partial x_j} + \frac{\partial u_j}{\partial x_i} \right) \frac{\partial u_j}{\partial x_i} \tag{3-10}$$

式中，$\eta = (k/\varepsilon)(P_k/\nu_t)^{0.5}$；

β、η_0、$c_{\varepsilon 1}$、$c_{\varepsilon 2}$、σ_k、σ_ε——参数，$\beta = 0.012$，$\eta_0 = 4.38$，$c_{\varepsilon 1} = 1.42$，$c_{\varepsilon 2} = 1.68$，$\sigma_k = 0.7194$，$\sigma_\varepsilon = 0.7194$。

LES 模型通过滤波处理，对大涡采用直接求解 NS 方程的方法，对小涡采用亚格子应力模型求解，这里选用静态 Smagorinsky 模型。小涡具有各向同性的特点，求解时同样基于涡黏性模型，假设亚格子应力张量与瞬时应变张量呈线性比例关系，亚格子黏性系数通过下式计算：

$$\nu_{sgs} = C_s^2 \Delta^2 \left| \tilde{S}_{ij} \right| \tag{3-11}$$

式中，C_s——Smagorinsky 常数，这里取 0.1；

Δ——紊流分辨率长度尺度；

$\overline{S}_{ij}$——基于分解速度的应变张量。

Balen 等（2010）利用大涡模拟研究弯道水流时指出，小尺度涡主要起能量耗散作用，而二次流涡漩单元由大尺度紊动导致，因此水流流动特征，如流场及二次流形态结构的计算结果对不同亚格子模型及 Smagorinsky 模型中 C_s 常数值不敏感。故本章研究时选取了计算效率高的静态 Smagorinsky 模型，且参数 C_s 采用模型常用值。

（2）模型求解及网格划分

数值计算在计算流体力学软件 Fluent 中进行。进口给定质量入流条件，出口为大气压出口，并给定水深。模拟工况选取试验设计流量 $Q = 15.68$L/s，按该流量条件

下均匀流水深给定 $h_d = 0.1265$m。进、出口的紊动能及紊动能耗散率根据式(3-12)至式(3-14)估算给定(Fluent,2006):

$$I = 0.16Re^{-1/8} \tag{3-12}$$

$$k = 1.5(U \cdot I)^2 \tag{3-13}$$

$$\varepsilon = c_\mu^{3/4} \frac{k^{3/2}}{l} \tag{3-14}$$

式中,I——紊流强度;

   Re——雷诺数;

   U——断面平均流速;

   k——紊动能;

   ε——紊动能耗散率;

   c_μ——经验常数,其值为 0.09;

   l——紊流长度尺度,$l = 0.07L$,其中,L 为水力直径。

所有壁面及上表面均设置无滑移边界条件,采用标准壁面函数求解。渠底及侧壁粗糙高度 $k_s = 9 \times 10^{-5}$m,根据 $n = 0.0391k_s^{1/6}$ 换算而来(Gonzalez 等,1996)。设置密度较轻的气相作为第一相,液相作为第二相。各相流体体积函数基于界面重构求解,压力速度耦合采用 PISO 算法,压强、动量及各紊动参数的空间离散均基于二阶迎风。计算时选择系统默认的松弛系数不变,采用时间步长 0.0005~0.0010s。其中,LES 模型所需时间步长最小,RNG k-ε 模型可适当放宽。初始条件设置时首先设置计算域内全部为水,纵向流速为进口均匀流流速。然后 patch 顶部一部分为空气,流速设为 1×10^{-4}m/s。取距隧洞进口下游 3.05m 处断面为监测面,当进出口质量流量差不超过 3%,且监测面中垂线处水深及流速分布不随时间变化时,认为达到收敛状态。

计算域网格全部采用六面体结构化网格划分,采用 ICEM 软件完成。兼顾计算效率,顺直渠段纵向网格布置较疏,过渡段范围内纵向网格加密;水相及水面附近网格布置密,气相网格布置较疏。壁面附近第一层网格布置在黏性底层和过渡区之外,到壁面的无量纲距离 $y^+ = 30 \sim 300$。在模型 A、B 中,网格单元总数分别为 600000、800800。网格无关性验证在模型 A 中进行,将各断面横向及垂向网格加密 1.5 倍后,在相同计算条件下监测面中垂线处水深差不超过 0.8%,各节点速度差的均方根为 3.6%,表明计算结果不依赖于网格尺度。模型网格划分如图 3.3-23 所示。

(a)剧烈收缩

(b)均缓收缩

(c)y-z 平面隧洞截面

(d)y-z 平面上游明渠截面

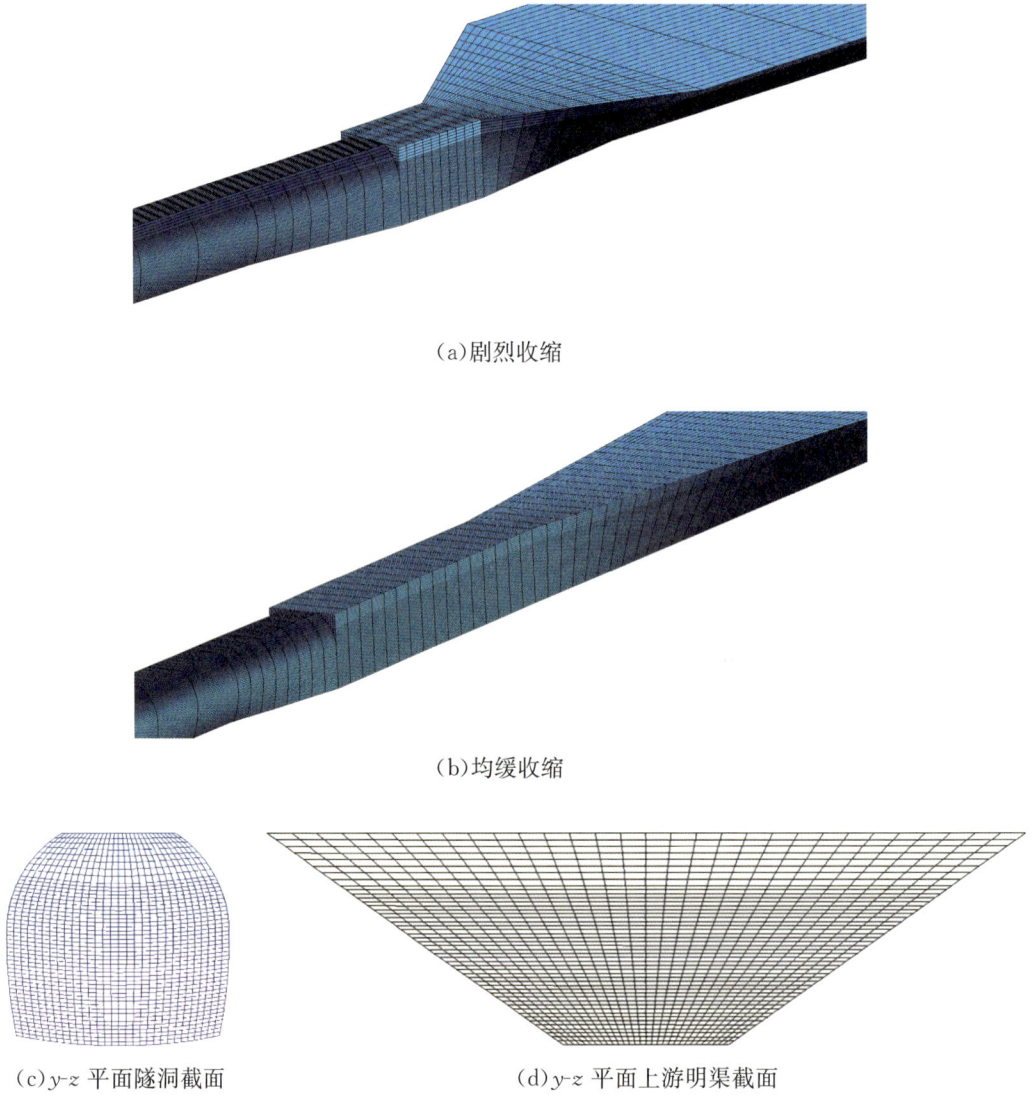

图 3.3-23　隧洞进口过渡段模型网格划分示意图

3.3.3.3　数值模型验证及比选

（1）模型验证

基于水面线计算结果与试验结果比较进行模型验证。由于模型 A 中隧洞进口过渡段剧烈收缩，水面变化更剧烈，因此首先比较模型 A 中中垂面处水面线结果，如图 3.3-24 所示。LES 模型计算得到的水面线与 RSM 模型结果无异，因此图 3.3-24 中只给出了 RNG k-ε 模型与 RSM 模型水面线的计算结果。计算时取体积函数值为 0.5 处代表自由液面（Fluent,2006），取模拟工况中零高程位置与试验工况中相同。

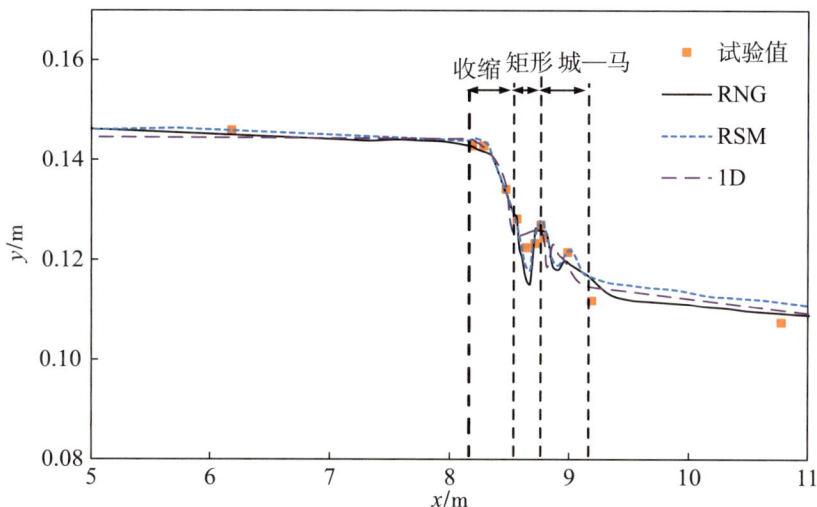

图 3.3-24 模型 A 中垂面处水面线计算值与试验值比较

从图 3.3-24 可以看出,水面线计算值和试验值总体吻合良好,但在马蹄形隧洞内,计算水位比试验测量值略高,原因可能在于模型试验水面线采用测压管测量值呈均化特征,或是数值模拟时控制了下游出口水深为均匀流水深所致。隧洞进口前的最低水位计算值比试验值偏低。RNG k-ε 模型和 RSM 模型计算得到水面最低点位置均在 $x=8.669$m 处,但该处没有测点;这附近两个测点位置分别为 $x_1=8.633$m 和 $x_2=8.709$m,在测点处水位结果吻合良好;扭曲面段纵向网格间距为 0.0372m,约为 $2(x_2-x_1)$,由此推测收缩段出口水位最低值计算值与试验值存在差异可能是试验测点布置未能恰好捕捉到水面最低点所致。其中,RNG k-ε 模型在此处计算的水面比 RSM 模型略低,可能是因为 RNG k-ε 模型计算的二次流流速偏小(后文中将介绍),纵向流速更大,水深更小。隧洞内渐变段部分有明显的水面波动(图 3.3-11),RNG k-ε 模型和 RSM 模型计算结果均呈现出这一特征,但 RSM 模型计算所得水面最高点的位置更靠下游,且水位更高,同样是因为 RNG k-ε 模型对二次流预测能力比 RSM 模型弱所致。

均缓收缩模型 B 中,RSM 模型计算的中垂面处水面线和试验值比较如图 3.3-25 所示。可以看出,当过渡段均缓收缩后,水面波动弱时,隧洞进口附近水位计算值与试验值差异小,计算结果与试验值总体吻合良好。以上说明模型试验手段是可信的。

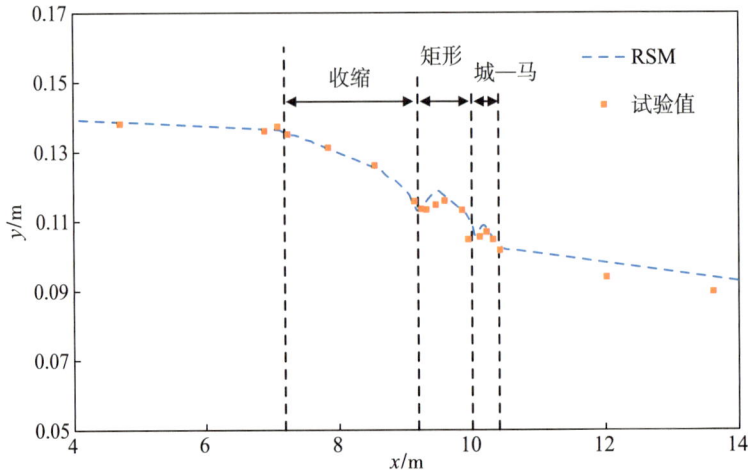

图 3.3-25 模型 B 中垂面处水面线计算值与试验值比较

由于实际工程中数值计算水面线是一般仅采用一维程序，进一步分析水位计算一维程序对过渡段剧烈收缩时，隧洞进口附近水面线的预测能力。用基于一维圣维南方程的流量水位计算程序求解中垂面处水面线（方红卫等，2015），进口给定流量条件，出口给定水位条件，计算采用 Preissmann 四点偏心隐式差分格式求解，计算结果一并绘于图 3.3-24 中。从图 3.3-24 中看出三点差异：①一维计算无法算出水流流出收缩段后，由于收缩惯性作用，水位继续降低的特性，得到的进口前水位最低值恰位于收缩段出口处，最低水位高于试验值和三维计算结果；②隧洞进口处水面计算值略低于试验值，这是因为一维计算无法考虑隧洞进口断面中垂线处水面高于侧壁附近水面的现象，但这一差值仅 1.4%；③隧洞内渐变段中，水位最低值与最高值计算结果与 RSM 模型计算结果相同，但水面最高值的位置出现在 $\Delta x/L_{城-马}=0.25$ 处，比 RSM 计算结果（$\Delta x/L_{城-马}=0.625$）和观测结果靠前（图 3.3-11(a)）。这表明隧洞内过渡段水位变化与断面形态、纵坡变化以及水面波动向下游传播综合作用有关。计算结果比较说明渠道一维水位计算模型用于工程估算水面线是可行的，但不适用于精细化计算研究。

（2）模型比选

基于流速计算结果与试验结果比较，对 RSM 模型、RNG k-ε 模型等进行模型性能比较及选取。在剧烈收缩模型 A 中，分别比较 $x=8.34\text{m}$ 及 $x=9.96\text{m}$ 断面中垂线处流速分布结果，如图 3.3-26 和图 3.3-27 所示，其中 $x=8.34\text{m}$ 对应扭曲面中 CS3 测面位置，$x=9.96\text{m}$ 对应马蹄形隧洞内 CS5 测面位置；在均缓收缩模型 B 中，分别比较 $x=7.85\text{m}$ 和 $x=11.06\text{m}$ 处断面中垂线处流速分布结果，如图 3.3-28 和图 3.3-29 所示，其中 $x=7.85\text{m}$ 对应扭曲面中 CS3 测面位置；$x=11.06\text{m}$ 对应马蹄形隧洞内 CS5 测面位置。

（a）RNG

（b）RSM

（c）LES

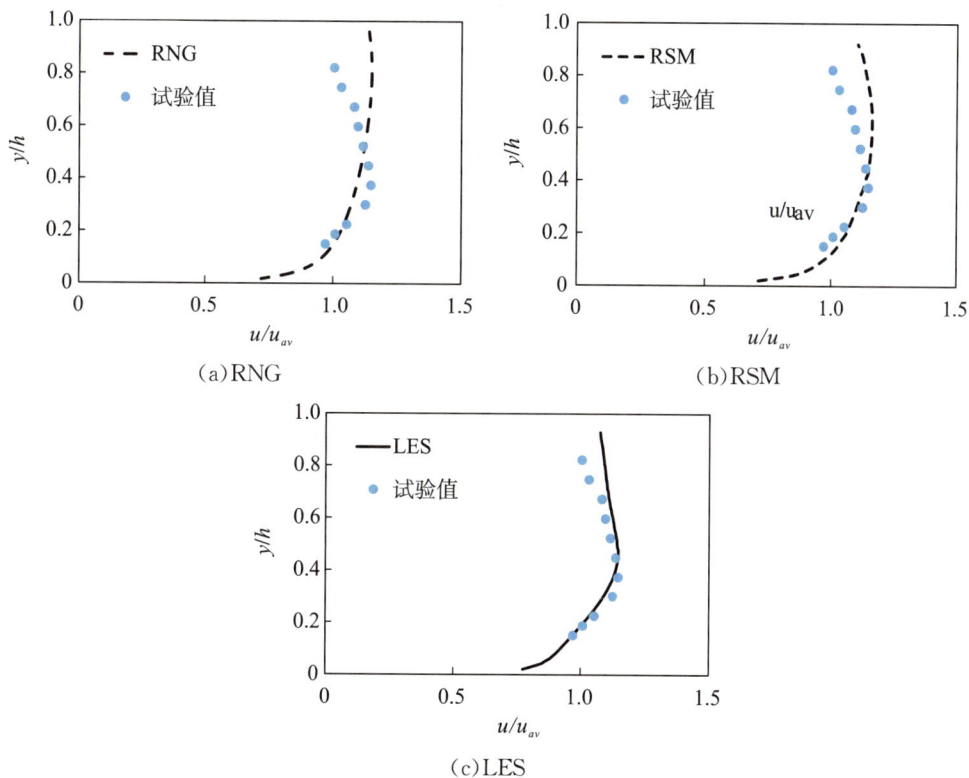

图 3.3-26　模型 A 中扭曲面 $x=8.34\text{m}$ 断面中垂线处流速分布比较

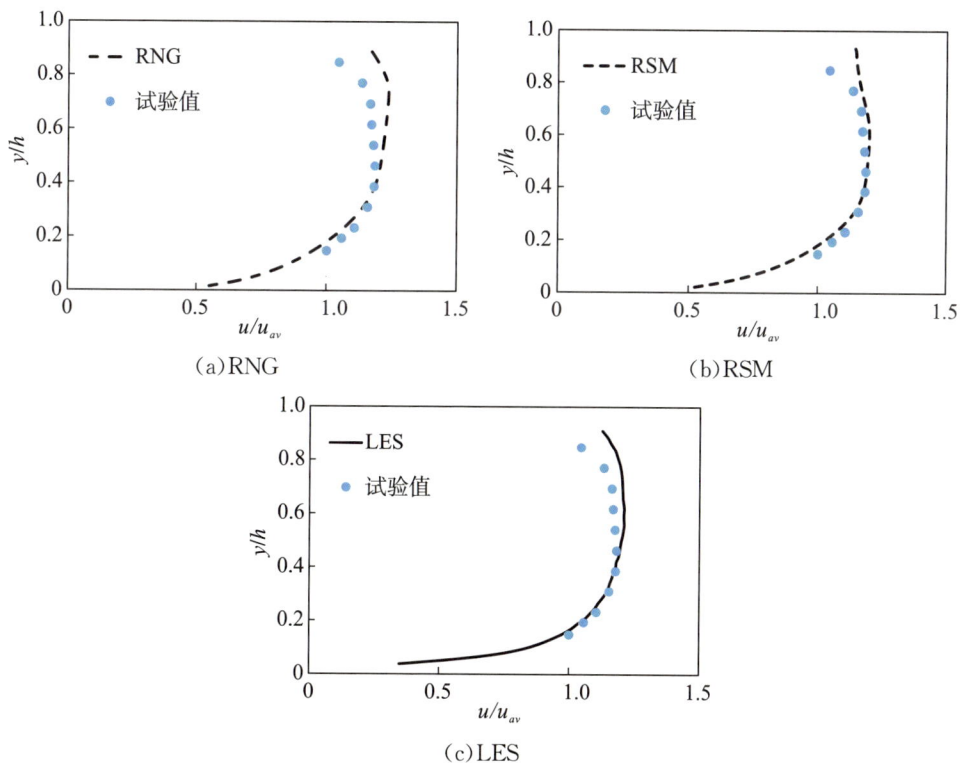

（a）RNG

（b）RSM

（c）LES

图 3.3-27　模型 A 中马蹄形隧洞内 $x=9.96\text{m}$ 断面中垂线处流速分布比较

（a）RNG

（b）RSM

（c）LES

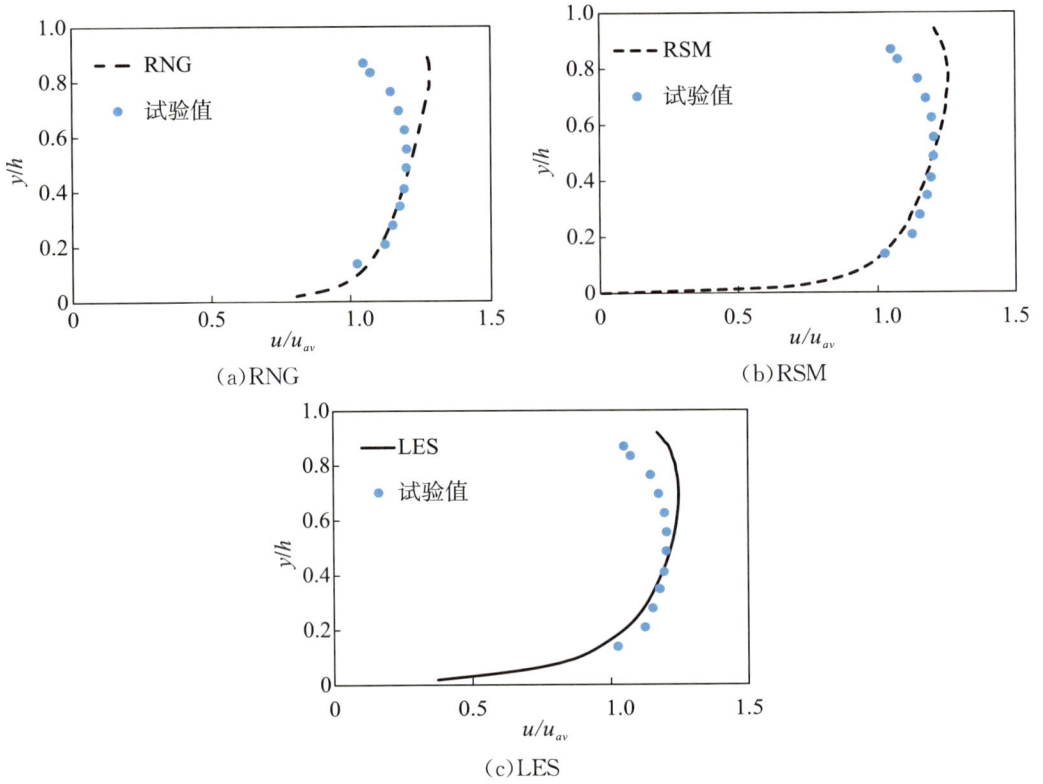

图 3.3-28　模型 B 中扭曲面 $x=7.85$m 断面中垂线处流速分布比较

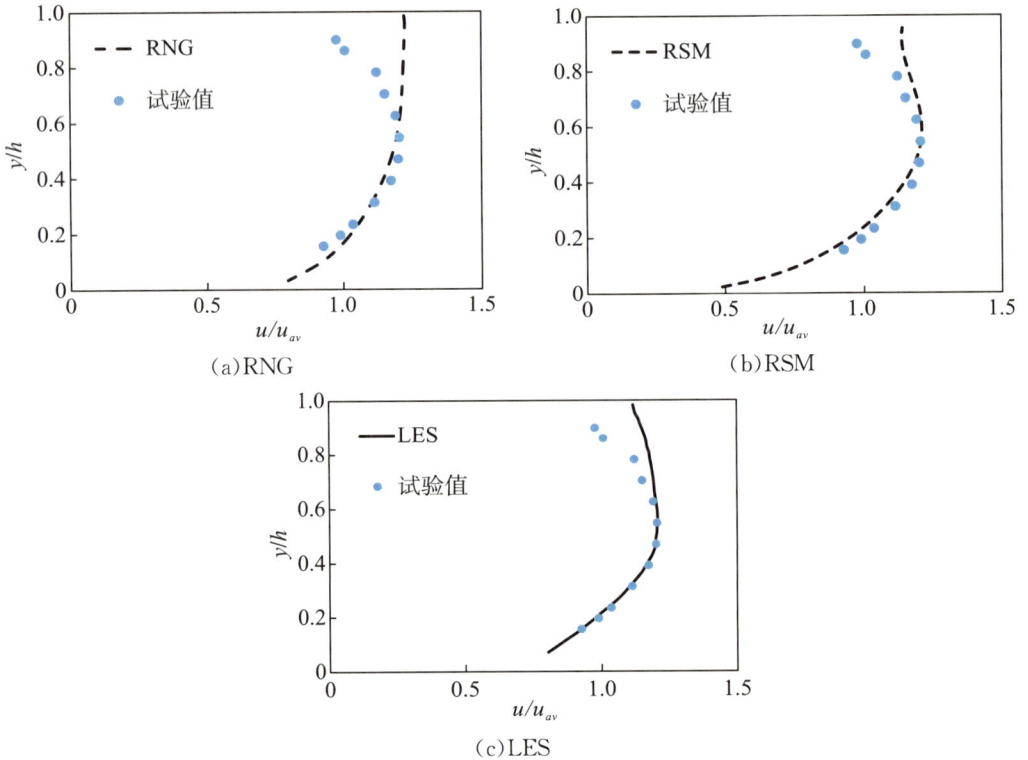

（a）RNG

（b）RSM

（c）LES

图 3.3-29　模型 B 中马蹄形隧洞内 $x=11.06$m 断面中垂线处流速分布比较

由图 3.3-28 和图 3.3-29 可知,马蹄形隧洞内,RSM 模型模拟得到流速分布与试验结果总体吻合良好,但在水面附近流速计算值比试验值偏大,这是因为 VOF 模拟时没有考虑水面的抑制作用所致。RNG k-ε 模型水面附近模拟结果与试验结果差异比 RSM 模型大,且在均缓收缩模型中的模拟差异比剧烈收缩模型中更明显。根据上一小节分析,水面附近流速减小的现象,一方面是因为断面内存在由内凹形侧壁和水面综合作用导致的紊动各向异性驱动的二次流,另一方面是因为加速流中水面附近存在垂直向下流速分量所致(Yang 等,2006)。假设各向同性的 RNG k-ε 模型无法模拟紊动各向异性驱动的二次流,但可以模拟出一部分收缩加速流效应,而隧洞内 CS5 断面处水流仍处于加速状态,且收缩越剧烈,加速效应越显著,因此 RNG k-ε 模型计算得水面附近流速相比试验值最大,但仍可模拟出一部分水面附近流速减小的现象。为进一步验证推论,图 3.3-30 给出了均缓收缩模型中,$x=14m$ 处马蹄形隧洞内二次流形态特征及断面流速分布,该处水流接近均匀流状态,可认为没有收缩加速流效应。从图 3.3-30 中可以看出,RNG k-ε 模型无法模拟出断面内二次环流特征,最大流速在水面附近,而 RSM 模型可以体现出二次流作用及其导致的最大流速位于水面以下的现象。

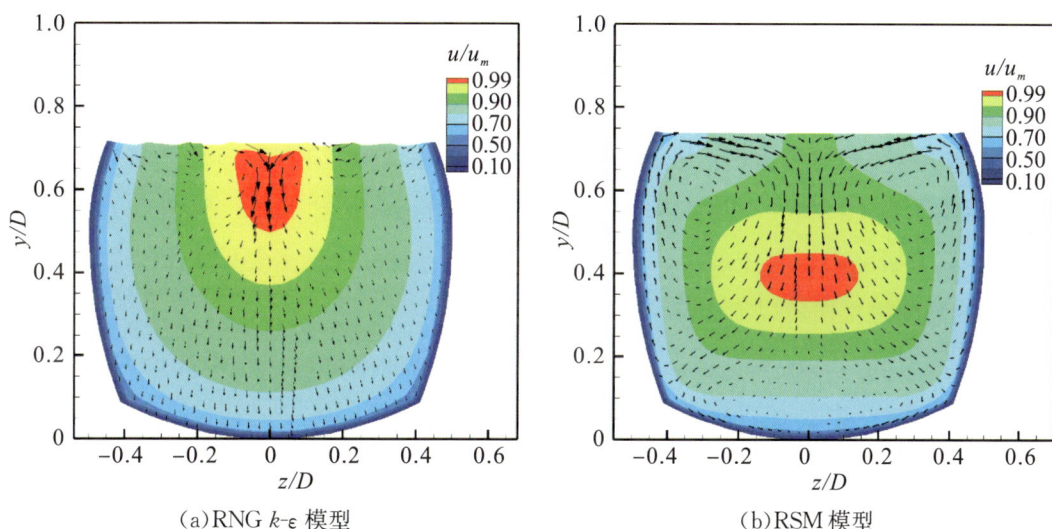

(a)RNG k-ε 模型   (b)RSM 模型

图 3.3-30　均缓收缩模型 B 中马蹄形隧洞内 $x=14m$ 断面处流速分布及二次流形态

由图 3.3-24 和图 3.3-28 可知,在过渡段处,RSM 模型在 $y/h<0.5$ 范围内流速分布模拟结果与试验结果吻合良好,但在 $y/h>0.5$ 范围和试验结果存在差异。此时 LES 模型模拟结果优于 RSM 模型,RNG k-ε 模型吻合度较差。尤其是在剧烈收缩条件下,RSM 模型预测流速分布差异更显著,而 LES 模型则体现出明显的优越性。此时 LES 模型能够较准确地模拟出最大流速位置,但在 $y/h>0.7$ 范围流速计算值比试验值大;RSM 模型模拟的最大流速位置偏高,为 $y_{max}/h = 0.64$(试验值 $y_{max}/h = 0.37$),且在 $y/h > 0.5$ 范围流速计算值比试验值大;RNG k-ε 模型模拟得 $y_{max}/h = 0.86$,与试验结果出入最大。产生差异的原因在于收缩段内数值模型预测的二次流强度偏低。周建银(2015)用不同各向同性的紊流模型模拟弯道水流,发现各模型对复杂的二次流形态模拟结果均较差,弯道内沿程多处断面内水面附近纵向流速计算值与试验值存在差异,且横向流速偏差更大。Balen 等(2010)指出,在强弯道中,LES 模型可更准确模拟出流线弯曲导致的二次流现象,而标准 k-ε 模型会明显低估二次流强度;Kang 和 Sotiropoulos(2012)指出,各向同性的 RANS 模型可大致模拟出弯道中流线弯曲导致的二次流现象,但无法模拟出紊动各向异性强烈区域的二次流流动特征,如外岸的二次环流和射流状水流结构,而 LES 模型可捕捉到该区域二次流作用。笔者同时指出,各向异性的 RANS 模型可能会得到更好的结果;Kashyap 等(2012)指出,RSM 模型可体现弯道中紊动各向异性作用,模拟出外岸处的二次环流特征,但从笔者模拟结果中并未看出存在射流状水流结构;Booij(2003)指出,在诸如弯曲水流这类二次流现象复杂的明渠中,尽管标准 k-ε 模型和 RSM 模型可以模拟出二次流形态和主流的主要特征,但流场模拟的准确度不高,而 LES 模型可给出更满意的结果。弯道水流和本章中收缩水流共同点在于渠道内由于流线变化和纵向流速梯度作用,存在第一类二次流作用,比均匀流中二次流作用更强,尤其是水流结构急剧变化时更显著。此时各向同性的 RNG k-ε 模型预测结果较差,各向异性的 RSM 模型结果略优,LES 模型模拟效果最好。但在顺直渠段内,LES 模型较之 RSM 模型并无明显优势(图 3.3-27、图 3.3-29),这点在 Shi 等(1999)和 Kang 等(2006)在矩形明渠均匀流研究中也有体现。鉴于此,在本章后续分析中,将主要采用 RSM 模型分析,在剧烈收缩渠段辅以 LES 模型加以分析。

需要指出的是,在剧烈收缩段内,LES 模型在水面附近流速模拟值仍大于实测值,这是由于 VOF 模拟时没有考虑水面的抑制作用所致。Bai 等(2013)用 LES 模型研究不同宽深比矩形明渠中泥沙输运规律时,对水面采用刚盖假定处理,并未考虑水面抑制作用,同样报道了水面附近流速计算值比实测值偏大的现象。如何将水面抑制作用考虑到 VOF 模型中将不作为本章研究内容。

3.3.3.4 纵向流速分布沿程变化

(1)过渡段内纵向流速沿程变化

剧烈收缩和均缓收缩过渡段内水面附近(相对水深 0.8 左右)流速分布沿程变化分别如图 3.3-31(a)、图 3.3-31(b)所示。收缩段内由于过流面积减小,流速沿程增加;且随着水流向下游发展,纵向流速在断面上沿横向分布更均匀,符合边界层发展理论。Schlichting(1968)指出,当渠道侧壁收缩、水流流速增加时,边界层发展受阻,壁面附近流速梯度大,渠道在横向更大范围内流速分布较均匀。隧洞进口附近,当明渠均缓收缩时,断面中部流速大,侧壁处流速小,与矩形明渠均匀流断面流速分布基本规律一致;当明渠剧烈收缩时,断面中部流速小,侧壁处流速大,随着水流向下游发展,流速分布有逐渐恢复中部大、两侧小的趋势。Egger(2004)指出,山谷水流收缩段下游会形成波列,且动量由断面中部向边墙附近传输;收缩段出口尽管水流仍然处于缓流状态,但水面仍会出现类似于波状水跃特征的现象。这可以解释隧洞进口断面中部流速小和水面翻滚跃起的现象(图 3.3-11(a)、图 3.3-11(b))。收缩段出口及隧洞进口附近侧壁处纵向流速均大于零,表明隧洞进口附近没有回流区出现。注意到梯形明渠向矩形明渠过渡时,不同相对水深处收缩程度是不同的,相对水深越浅的 x-z 平面内侧壁收缩角(侧壁和中轴线夹角)越小。图 3.3-32 补充给出了剧烈收缩时,渠道相对水深为 0.4 左右所处的 x-z 平面内纵向流速沿程变化,从图 3.3-32 中可以看出,流速分布符合断面中部流速大、边壁附近流速小的规律,且断面中部较大范围内流速分布较均匀。这表明侧壁收缩角小时,断面内流速分布形态规律与均匀流接近。

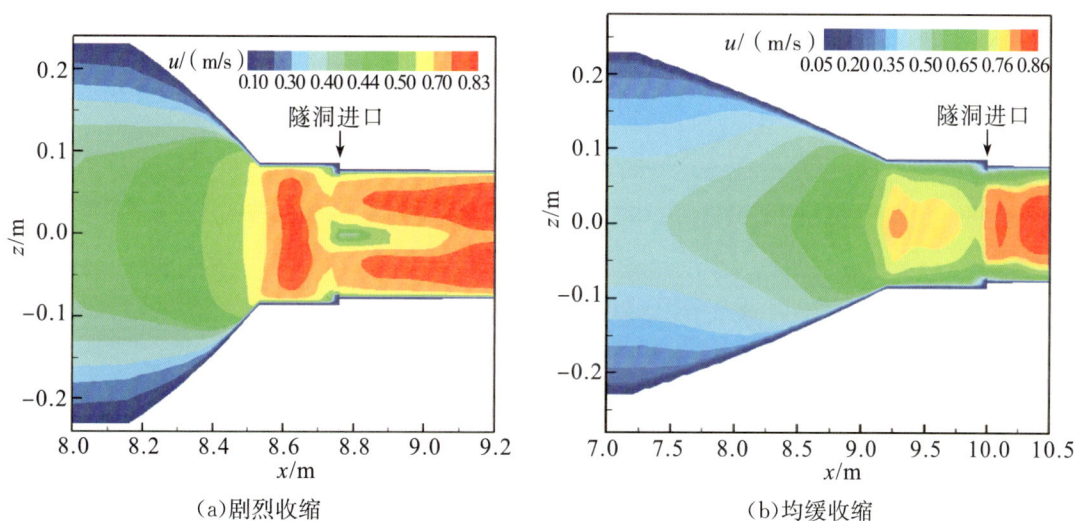

(a)剧烈收缩

(b)均缓收缩

图 3.3-31　过渡段水面附近流速分布沿程变化

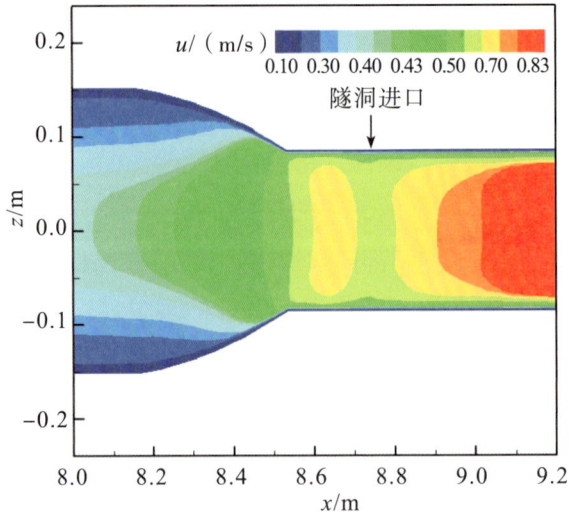

图 3.3-32   剧烈收缩过渡段相对水深 0.4 处纵向流速沿程变化

（2）马蹄形隧洞内纵向流速沿程变化

图 3.3-33(a)、图 3.3-33(b)分别给出了剧烈收缩和均缓收缩条件下，马蹄形隧洞内纵向流速分布沿程变化规律，其中分析线 $h_1 \sim h_4$ 依次位于马蹄形隧洞始端下游 0.66m、1.32m、2.65m 和 3.98m 断面中垂线处。

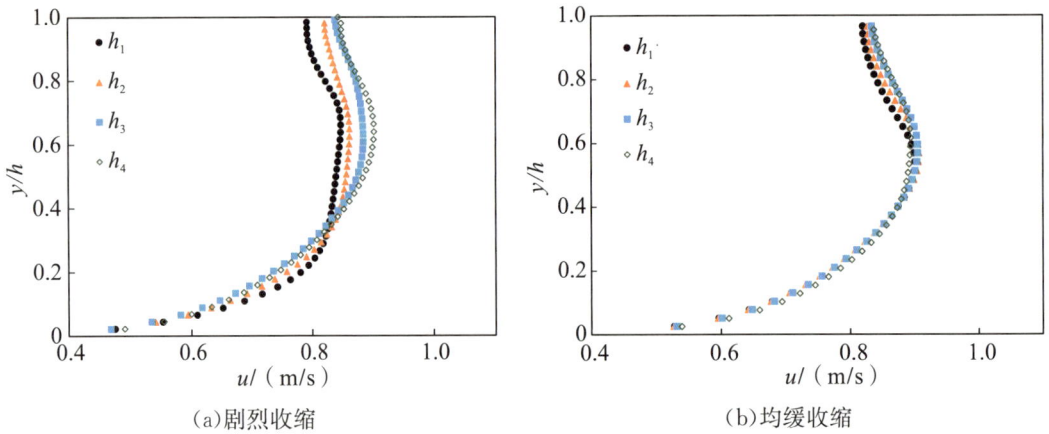

（a）剧烈收缩

（b）均缓收缩

图 3.3-33   马蹄形隧洞内流速分布沿程变化

从图 3.3-33 可以看出，隧洞进口过渡段均缓收缩时，马蹄形隧洞内流速分布较均匀，而过渡段剧烈收缩时，马蹄形隧洞内流速分布沿程变化较大，且在所取 4 个断面范围内，水流一直处于加速状态，说明剧烈收缩段下游水流恢复均匀流所需长度更长；计算域长度范围内，水流可能未调整至均匀流状态。从图 3.3-33(a)中流速分布调整过程可以看出，水流处于加速状态时，渠底附近流速梯度大，$0.3 < y/h < 0.7$ 范围内流速分布均匀，水面附近流速受抑制程度更显著，符合加速流普遍特征。Song、

Chiew(2001)和 Cardoso 等(1991)报道了加速流渠底附近流速梯度更大的现象,Yang 等(2006)指出加速流水面附近流速减小现象更明显,与本节得出结论一致。对比两个模型中流速分布沿程变化规律表明,明渠收缩段设计时应采取均缓收缩形式,避免剧烈收缩形式,以使水流更均匀。

3.3.3.5 过渡段沿程二次流形态特征及其影响

图 3.3-34、图 3.3-35 分别给出了剧烈收缩和均缓收缩模型中,收缩段沿程二次流形态特征,图中 L_t、L_r、L_c 分别为收缩段、矩形段和隧洞内渐变段长度,Δx 为断面距该段起点的距离;部分明渠断面和隧洞断面标出了边界,以免引致误解;为使二次流矢量视图清晰,仅展示断面内部分结点处流速信息。为描述方便,记横向流速指向渠道中部时为向内,反之为向外;记垂向流速指向渠底时为向下,反之为向上。

从图 3.3-34(a)至图 3.3-34(c)和图 3.3-35(a)至图 3.3-35(c)中可以看出,在收缩段,断面内二次流呈向内、向下特征,且尽管该区域存在紊动各向异性,但并没有二次环流出现。类似地,Xie(1998)和 Wang 等(2015)试验表明,在侧壁收缩扩散连续变化时,渠道内并无二次环流或涡漩出现。Xie(1998)推测是由于在非均匀渠段内,受断面形态变化作用,二次流流速比均匀流中大得多,因此涡漩的二次环流变得不明显。在本研究中,剧烈收缩时,收缩段中沿程 3 个分析断面内($\Delta x/L_t=0.3$、0.5、0.9)最大二次流流速 $u_{s,\max}/u_{\max}$ 分别为 0.221、0.311、0.416,远大于矩形明渠均匀流中相应值 $0.02\sim0.03$;均缓收缩时,收缩段中沿程 3 个分析断面内($\Delta x/L_t=0.3$、0.6、0.9)最大二次流流速 $u_{s,\max}/u_{\max}$ 分别为 0.066、0.078、0.084,约为矩形明渠均匀流中相应值的 3 倍。在侧壁收缩作用下,二次流流速增大,且均有向内分量,因此无法形成二次环流。计算结果还表明收缩段沿程二次流流速是增加的。

在出收缩段后,剧烈收缩水流和均缓收缩水流中水面和二次流形态差异显著。由图 3.3-34(d)可知,在剧烈收缩条件下,收缩段出口附近水流仍呈向内、向下运动特征;由于惯性作用,水面横向不平稳,渠道中部水面高于侧壁处水面,与试验观察到的现象一致(图 3.3-31)。Yaziji(1968)曾观测到底部水平的明渠收缩段出口附近,水流为缓流时,断面中部水面高于侧壁处水面的现象,且横向水面差与收缩段形态和长度有关,当收缩段侧壁呈 1/4 圆弧形态,纵向水面坡度为 1.9%,水流弗劳德数不超过 0.5 时,出口处横向水面差可达 1.5%。本研究中收缩段出口横向水面差异最大可达 6.7%,一方面因为水流弗劳德数更大,为 0.62,弗劳德数增加时,收缩段水面变化有增大的趋势(EI-Shewey,Joshi;1996);另一方面因为本研究工况中收缩段进出口断面水面宽度比达 3.5,Yaziji 试验条件下渠宽收缩比仅为 2,收缩越剧烈时,水面不平稳现象越显著(EI-Shewey,Joshi;1996)。从图 3.3-34(d)还可以看出,在收缩段出口断面中部水面高出侧壁处,水流纵向流速随着垂向位置上升先减小再增大,这可能是由于水体剧烈紊动导致。

对于流速横断面分布，水面附近断面中部流速小于侧壁附近流速，除从动量传递方面解释外，还有原因在于水面附近侧壁两股水流在渠道中部形成冲撞，该处水体紊动强烈，能量耗散大。在矩形段中部(图 3.3-34(e))，水流有调整恢复至水面平稳的趋势，因此断面上横向水面坡度减小，水面差最大为 4.4%；受隧洞城门洞形进口断面两侧壁挡水作用影响，两侧壁处水面壅高；水面附近断面中部二次流方向仍向下，但侧壁处二次流方向向上、向外。在渠道底部附近，可见存在一对对称分布的二次环流，底壁处二次流流速向内，与矩形和梯形明渠均匀流中底涡运动规律类似(Blanckaert 等,2010)。该二次环流形成与壁面附近紊动各向异性有关，之所以在收缩段下游一段距离后出现，推测可能是由于此时断面内受收缩段影响产生的向下的二次流分量减弱所致。Anaashari 等(2016)报道了在矩形明渠向梯形明渠渐扩渠段内存在类似现象，水流在扩散段向下游发展一段距离后，渠底有一对二次环流出现。断面内没有表面涡产生是由于在水面变化作用下，水面附近二次流流速向外。

均缓收缩时，收缩段出口水面平稳，可视作无横向水面坡度。从图 3.3-35(d)可以看出，在收缩段出口附近，水面附近二次流仍呈向内、向下运动规律，形态特征与剧烈收缩时相同，但水流平缓，断面内纵向流速分布规律与矩形明渠均匀流中相似。在渠道侧壁偏渠底处，有一对空间尺度很小的二次环流出现。在矩形段中部(图 3.3-35(e))，水面附近形成一对指向内的二次环流，类似于矩形明渠均匀流中表面涡特征，但渠道底部没有底涡出现，可能是因为此时渠道中部仍存在较大的向下的流速分量，二次流在底部不足以形成环流。

在隧洞内进口附近，在剧烈收缩和均缓收缩条件下，二次流规律也有所不同。从图 3.3-34(f)中可以看出，剧烈收缩时，侧壁处水面回落，但由于进口城门洞形断面顶拱两侧的挡水作用，水流在流进隧洞后仍有趋中趋势，隧洞断面中部水面高于侧壁处水面，且该处二次流呈向内规律，水流纵向流速小。从图 3.3-35(f)可以看出，均缓收缩时，由于隧洞进口城门洞形断面顶拱两侧的挡水作用依然存在，水流进入隧洞后侧壁附近水体向边壁扩散，因此水面附近侧壁处二次流方向向外、向上，中部二次流方向仍然向下。计算分析结果表明，均缓收缩时，二次流流速、水面及断面流速分布变化没有剧烈收缩渠道中显著。

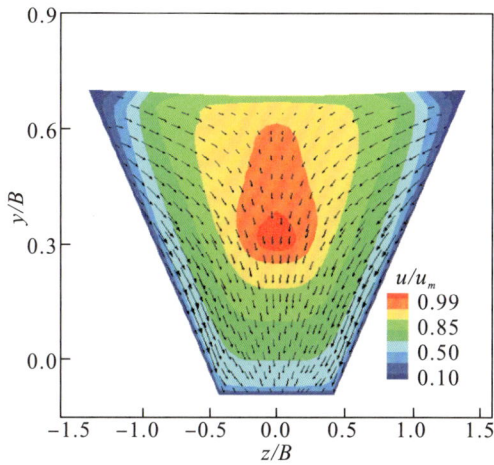

(a) $x=8.27\text{m}, \Delta x/L_t=0.3$

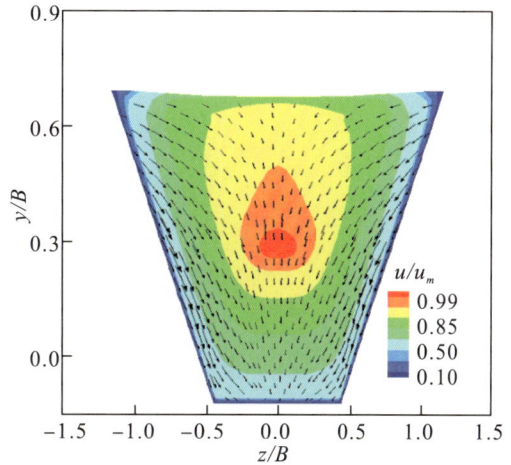

(b) $x=8.35\text{m}, \Delta x/L_t=0.5$

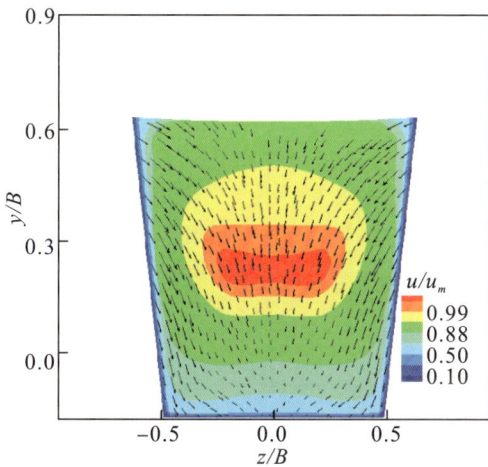

(c) $x=8.50\text{m}, \Delta x/L_t=0.9$

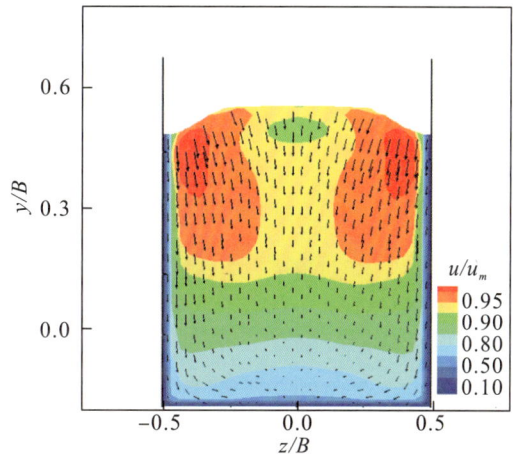

(d) $x=8.55\text{m}, \Delta x/L_r=0.1$

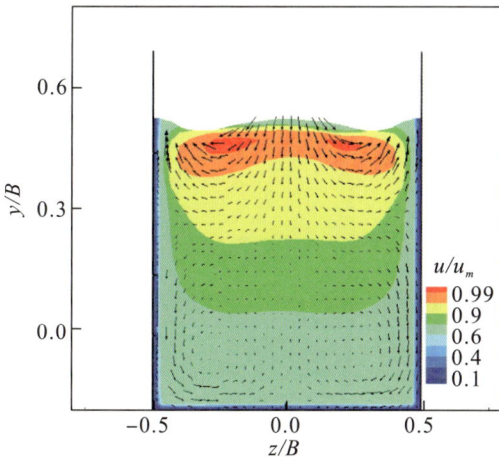

(e) $x=8.65\text{m}, \Delta x/L_r=0.5$

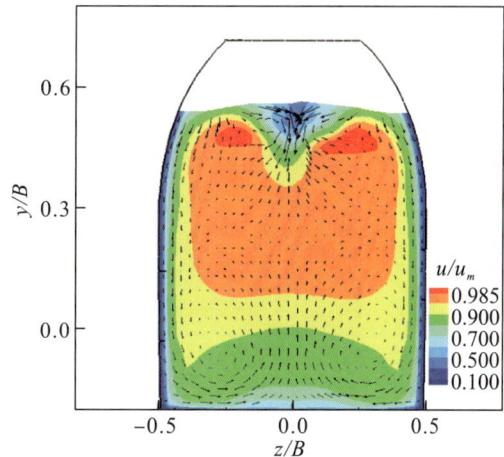

(f) $x=8.8\text{m}, \Delta x/L_c=0.1$

图 3.3-34 剧烈收缩模型 A 中过渡段沿程断面二次流形态

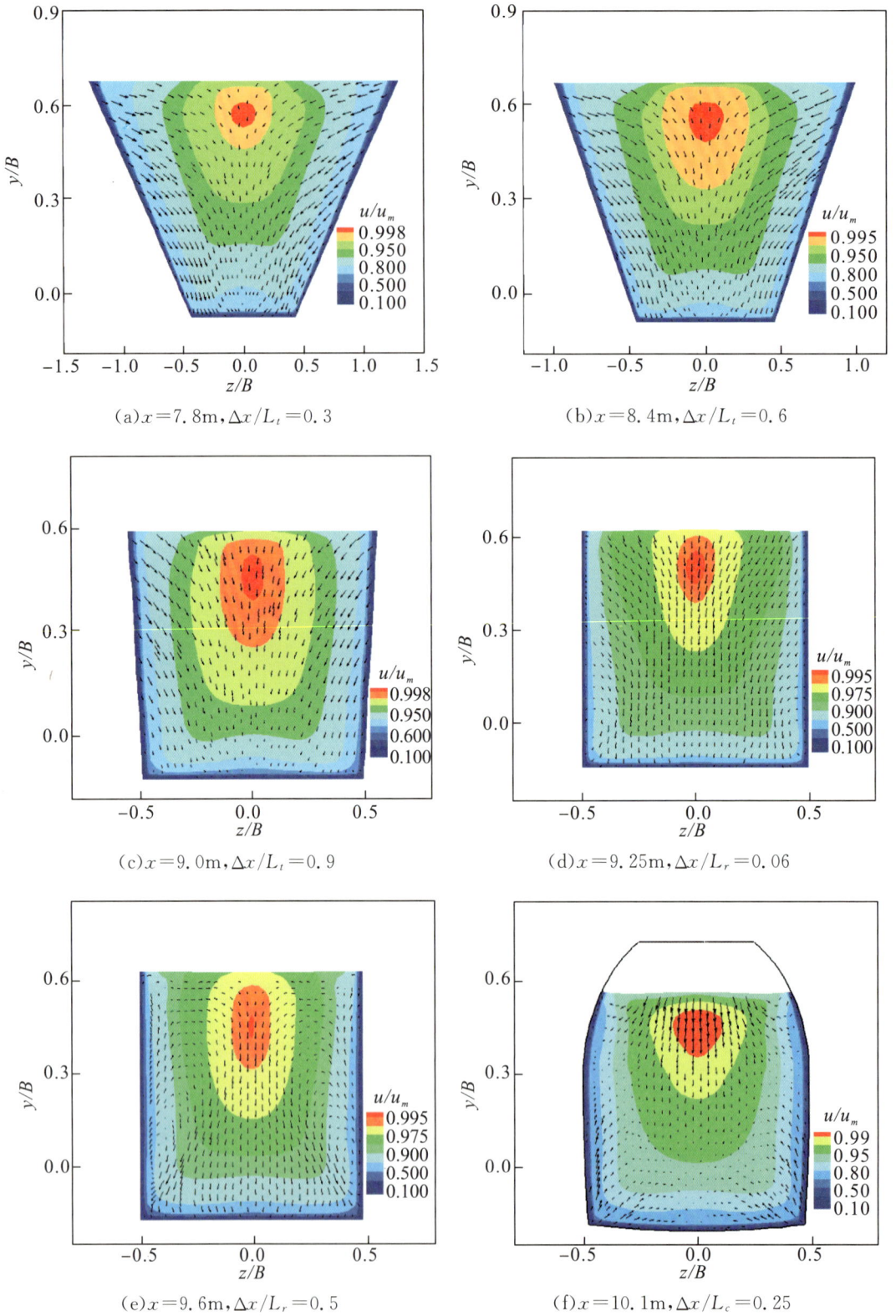

(a)$x=7.8\text{m}$,$\Delta x/L_t=0.3$

(b)$x=8.4\text{m}$,$\Delta x/L_t=0.6$

(c)$x=9.0\text{m}$,$\Delta x/L_t=0.9$

(d)$x=9.25\text{m}$,$\Delta x/L_r=0.06$

(e)$x=9.6\text{m}$,$\Delta x/L_r=0.5$

(f)$x=10.1\text{m}$,$\Delta x/L_c=0.25$

图 3.3-35 均缓收缩模型 B 中过渡段沿程断面二次流形态

　　分析隧洞进口过渡段剧烈收缩和均缓收缩时,隧洞城门洞形断面向马蹄形断面渐变段内二次流形态特征,分别如图 3.3-36 和图 3.3-37 所示。在剧烈收缩条件下,隧洞渐变段内,水面附近水流趋中导致断面中部存在向内二次流分量后,断面中部可见一对尺度较小的涡漩发展;继续向下游发展时,涡漩有下潜并消散的趋势。矩形渠道中底部形成的一对二次环流在隧洞进口附近依然存在。从图 3.3-36 还可以看出,收缩段下游形成的水面波动有沿程削减的趋势。当隧洞进口均缓收缩时,隧洞内水面波动减弱,水面附近没有涡漩产生,二次流呈向上和向下形态交替出现,且与水面波动呈相反规律,即在波峰附近二次流呈向下运动特征,在波谷附近二次流呈向上运动特征。

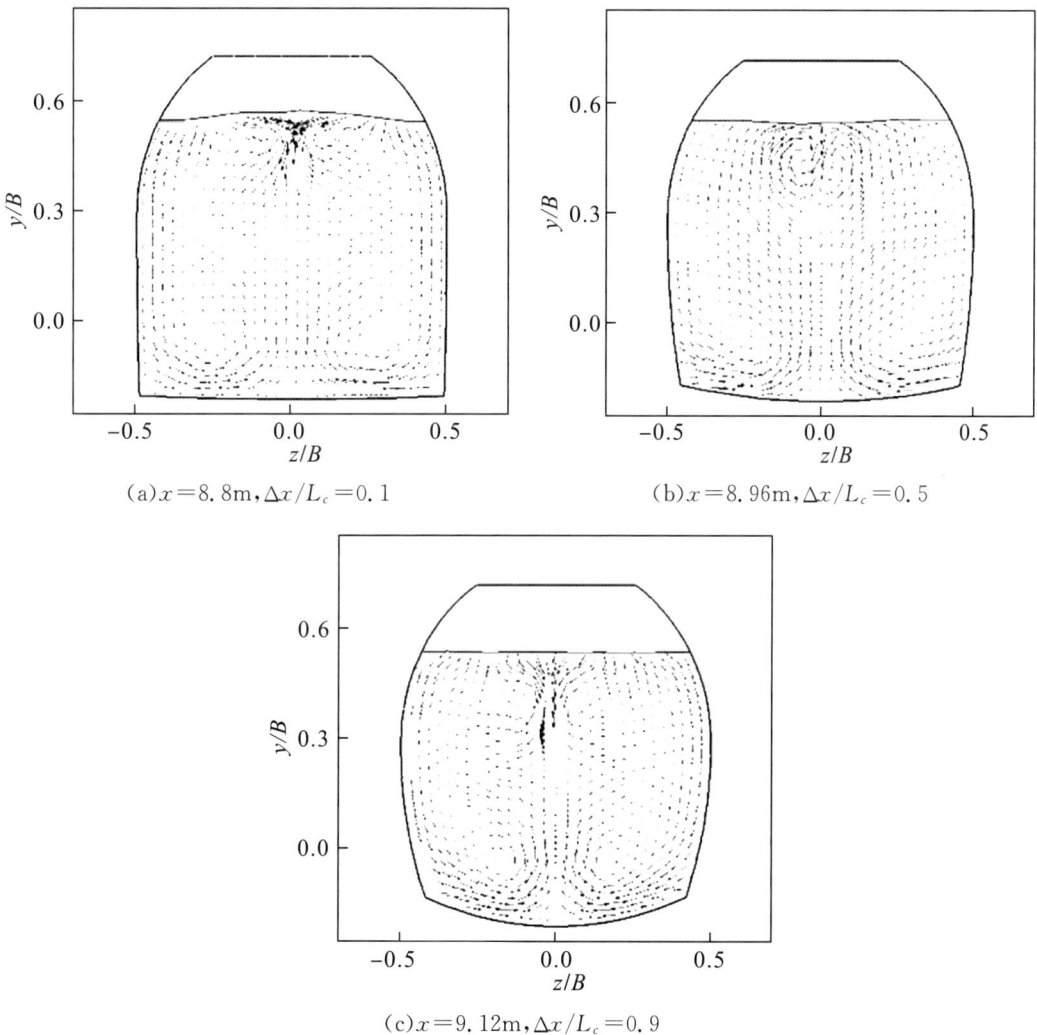

(a)$x = 8.8\text{m}, \Delta x / L_c = 0.1$　　　　　　(b)$x = 8.96\text{m}, \Delta x / L_c = 0.5$

(c)$x = 9.12\text{m}, \Delta x / L_c = 0.9$

图 3.3-36　剧烈收缩模型 A 中隧洞内渐变段断面二次流形态

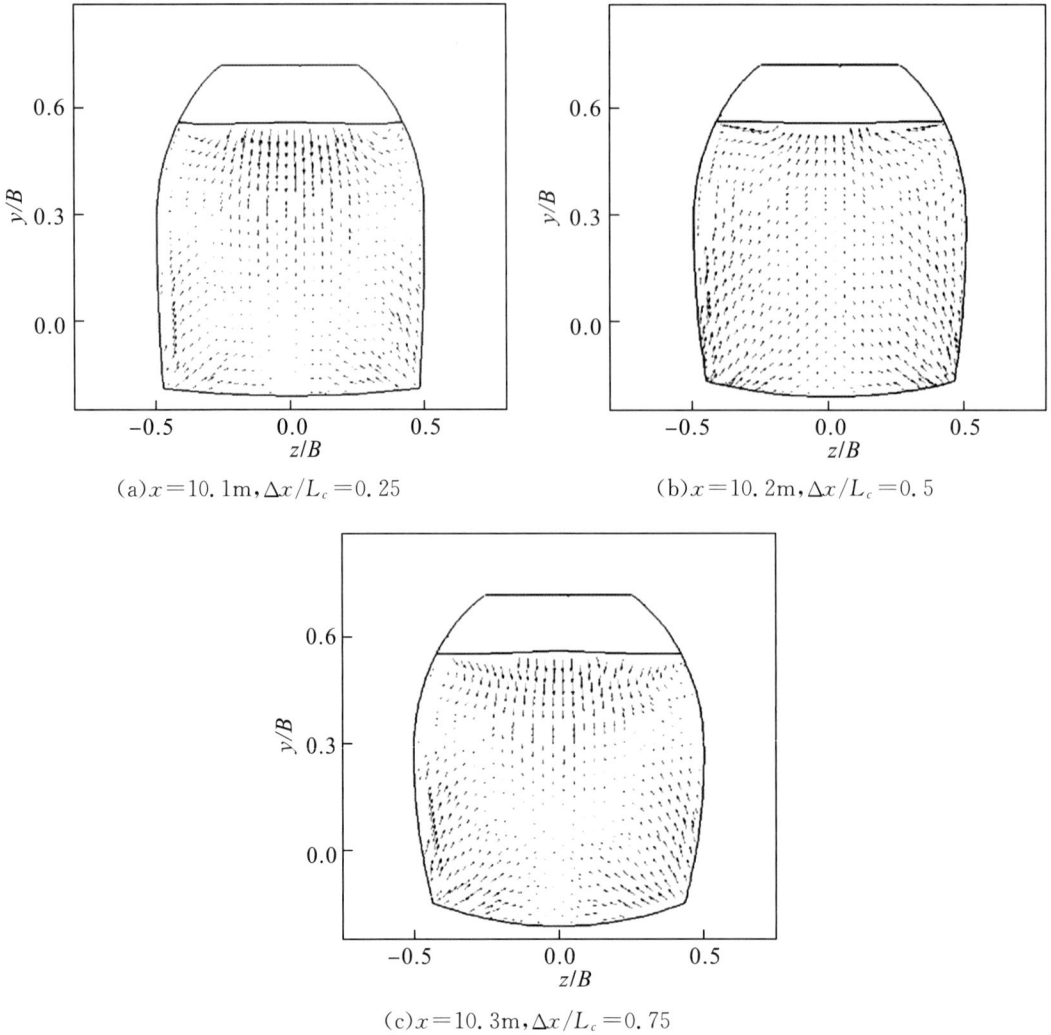

(a)$x=10.1\mathrm{m}$，$\Delta x/L_c=0.25$

(b)$x=10.2\mathrm{m}$，$\Delta x/L_c=0.5$

(c)$x=10.3\mathrm{m}$，$\Delta x/L_c=0.75$

图 3.3-37　均缓收缩模型 B 中隧洞内渐变段断面二次流形态

3.3.3.6　小结

本小节利用数值模拟手段分别研究了隧洞进口过渡段剧烈收缩和均缓收缩时，隧洞内及进口过渡段内流速分布和二次流形态特征。采用 VOF 模型确定水面位置，流场特征主要采用雷诺应力模型 RSM 求解，在剧烈收缩明渠中，辅以大涡模拟 LES 分析收缩段内流动特征。计算结果与试验结果对比，验证了数值模拟的可靠性，同时对不同紊流模型的性能和缺陷做了对比分析，结论如下：

①渠道收缩段内纵向流速沿程增加，纵向流速在横向上分布更均匀。当渠道均缓收缩时，在隧洞进口附近，纵向流速沿横向分布呈中部大、侧壁小的规律。当渠道剧烈收缩时，在隧洞进口附近，沿垂向不同位置流速横向分布规律不同，在水面附近受侧壁剧烈收缩及二次流影响，纵向流速呈中部小、两侧大的特征，在渠底附近仍然

呈中部大、侧壁小的特征。

②隧洞进口过渡段均缓收缩时,马蹄形隧洞内纵向流速沿程分布较均匀。过渡段剧烈收缩时,马蹄形隧洞内流速分布沿程变化较大,在计算域内水流尚未达到均匀流状态。工程应用时,应尽量采取均缓收缩形式,避免剧烈收缩形式。

③收缩段内,二次流呈向内、向下运动特征,断面内无二次环流出现。收缩段出口水面附近,二次流仍呈向内、向下运动特征。剧烈收缩时,收缩段下游矩形渠道底部有一对类似于均匀流中底涡的二次环流出现,水面横向不平稳,受水面横向调整及隧洞进口城门洞形断面顶拱两侧挡水作用影响,水面附近侧壁处二次流呈向外、向上运动特征。均缓收缩时,收缩段出口水面平稳,水流向下游发展时,水面附近形成一对类似于均匀流中表面涡的二次环流。

④隧洞进口过渡段剧烈收缩时,隧洞内渐变段中,断面中部水面附近有一对涡漩出现;进口过渡段均缓收缩时,隧洞渐变段断面内无涡漩出现,二次流运动方向与水面波动呈相反规律,即在波峰附近二次流呈向下运动特征,在波谷附近二次流呈向上运动特征。

⑤雷诺应力模型 RSM 可较好地计算出渠道内水面线和隧洞进口附近流场特征,但在剧烈收缩的收缩段内,流线急剧变化,RSM 模型(RANS 模型)对二次流强度预测能力不足,计算得到最大流速位置偏高,此时 LES 模型可弥补这一不足,更准确地计算出最大流速位置。RNG k-ε 模型由于不能模拟紊动各向异性驱动的二次流作用,对流场预测能力最差,主要体现在计算所得纵向最大流速位置接近水面,且无法模拟出顺直渠段中断面内二次环流的特征。由于 VOF 模型计算时没有考虑水面的抑制作用,因此各模型水面附近流速计算值均偏大。

3.3.4 基于水动力性能的过渡段形态改造研究

根据模型试验和数值仿真研究,无压隧洞进口过渡段剧烈收缩和均缓收缩时,渠道内水动力性能有显著差异。已有研究指出过渡段设计时应均缓收缩,以使水流均匀,水头损失小,但并未给出对比分析依据和水动力性能对输水工程输水能力造成的影响。本小节将在 3.3.2 节和 3.3.3 节研究的基础上,归纳总结隧洞进口不同程度收缩时,渠道内水面变化和隧洞内流速、紊动强度分布的异同,分析水头损失规律。结合工程实际,说明隧洞进口剧烈收缩的危害和均缓收缩的必要性,对工程优化、运行管理提供指导性建议。

3.3.4.1 不同过渡段内水面变化规律比较

将 3.3.2 节中,同等流量条件下试验得到的剧烈收缩和均缓收缩模型中水面线结果放在一起比较,取最高流量组次 A1、B1 和最低流量组次 A4、B4 为代表分析,如

图 3.3-38 所示。其中,A1、B1 工况流量分别为 15.365L/s、15.671L/s,A4、B4 工况流量分别为 11.924L/s、11.971L/s。图 3.3-38 中虚线标出了马蹄形隧洞的坡度(非底坡实际位置),以便比较隧洞内水面变化。

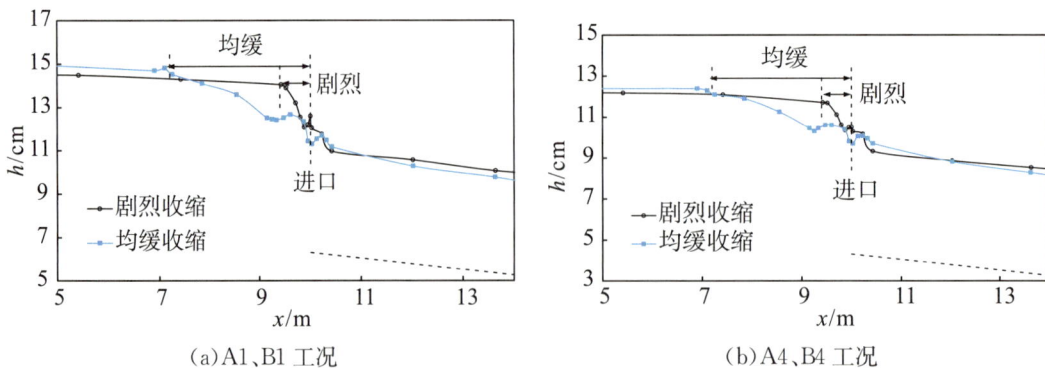

(a)A1、B1 工况　　　　　　　　　　　(b)A4、B4 工况

图 3.3-38　同等流量不同收缩段条件下隧洞进口附近水面线比较

从图 3.3-38 中可以看出,隧洞进口过渡段均缓收缩时,同等流量条件下上游梯形渠道内水位比剧烈收缩时略高,下游马蹄形隧洞内水位略低,且流量越大时,该差异越显著。隧洞进口附近过渡段内水面变化规律主要有以下几点异同:

①收缩段内流速增加,水面均沿程降低,在距收缩段出口一段距离水面有最低值,在剧烈收缩和均缓收缩条件下,该距离分别为 0.10m 和 0.13m。剧烈收缩时,收缩段长度短,水面坡度陡。在不同组次流量条件下,收缩段内水面坡降见表 3.3-1。计算结果表明,水面收缩角越大时,收缩段内水面坡度越大,水面变化越剧烈。

②剧烈收缩和均缓收缩时,收缩段下游、隧洞进口前的矩形段内水面变化规律不同。剧烈收缩时,水面在达到最低值后,沿程增加,在隧洞进口处水位有最高值,且流量越大,收缩越剧烈时,水位增高值越大,其值见表 3.3-7。均缓收缩时,在隧洞进口附近水位有最低值。矩形段内水面变化规律不同,可能是因为矩形段可供收缩水流调整的长度不同。

③隧洞内渐变段内均存在水面波动。剧烈收缩模型中,由于测点未用测针加密,该现象在测量结果中没有显现出来。剧烈收缩时,马蹄形隧洞内渐变段末端水位测量值均偏低,推测是因为剧烈收缩导致显著的水流加速作用,使试验测得的测压管水头比真实水位值偏低。根据 3.3.3 节数值模拟结果,计算了隧洞渐变段内 $\Delta x/L_c =$ 0.1、0.5、0.9 断面及下游距洞口 4.4m 断面中垂线处测压管水头和水面位置的差值,分别为 -0.22cm、-0.32cm、-0.40cm 和 -0.10cm,表明在隧洞渐变段末端测压管水头比实际水面位置偏小。同时计算了均缓收缩时,隧洞渐变段内断面中垂线处测压管水头和水面位置的差值,其最大差值为 -0.15cm,可近似忽略水流加速影响。

表 3.3-7　　　　　　　　　不同过渡段模型中进口附近水面变化特征参数值

组次	水面收缩角/°	收缩段内水面坡度	隧洞进口附近水位增加值/cm
A1	32.7	0.051	0.504
A2	30.9	0.044	0.414
A3	28.9	0.042	0.294
A4	26.8	0.038	0.154
B1	6.0	0.011	—
B2	5.7	0.011	—
B3	5.2	0.010	—
B4	4.7	0.008	—

3.3.4.2　不同收缩段对隧洞内水流水动力特性影响比较

（1）对纵向流速分布影响比较

根据 3.3.2 节中流速分布试验结果，以工况 A1、B1 和工况 A3、B3 为例，分析不同收缩段对马蹄形隧洞内 CS5 测面纵向流速分布影响，如图 3.3-39 所示。明渠水流沿垂向可分为近壁区、水面区和中间区讨论（Nezu，Nakagawa，1993）。按分区理论分析，在 $y/h<0.4$ 范围内，隧洞内纵向流速分布差异由摩阻流速不同导致。B 组均缓收缩试验中，马蹄形隧洞内纵向水面坡度比 A 组在同一流量条件下大（图 3.3-39），因此摩阻流速更大，流速分布陡。在 $0.4<y/h<0.6$ 范围内，流速分布受底壁条件和水面作用影响均较小，不同收缩段条件下，纵向流速分布在相同流量条件下趋于一致。在 $0.6<y/h<1$ 范围内，相同流量条件下，剧烈收缩时纵向流速略大，可能是因为剧烈收缩时下游水面波动强所致。

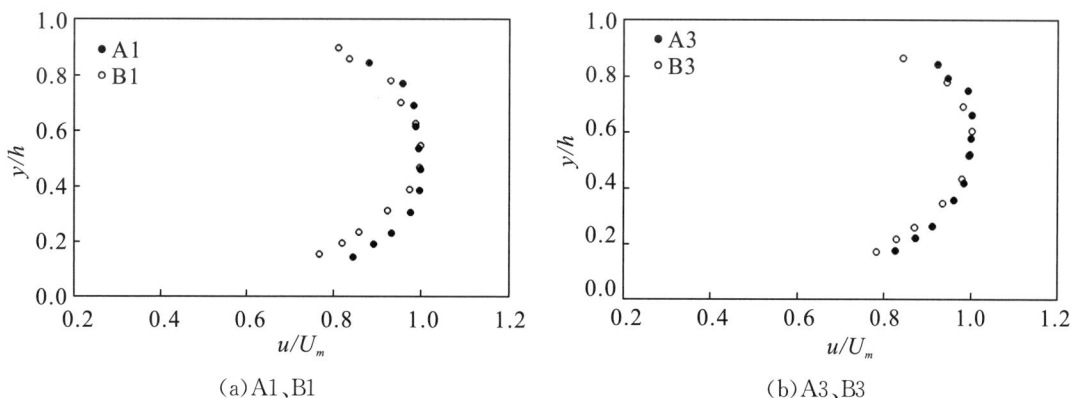

（a）A1、B1　　　　　　　　　　　　　　　（b）A3、B3

图 3.3-39　不同收缩段对马蹄形隧洞内 CS5 测面纵向流速分布影响

（2）对纵向紊动强度分布影响比较

同样以工况 A1、B1 和工况 A3、B3 为例，分析不同收缩段对马蹄形隧洞内 CS5

和CS6测面纵向紊动强度分布影响,如图3.3-40所示。由2.1节和2.3节结论可知,马蹄形隧洞内均匀流纵向紊动强度在非近壁区随垂向位置上升先减小再增加。由图3.3-40可知,剧烈收缩段和均缓收缩段均不改变隧洞内纵向紊动强度沿垂向的变化趋势,但对纵向紊动强度大小影响不同,且其影响在整个水深范围内均存在。剧烈收缩时,水体紊动强烈,隧洞底壁附近有更多紊动能产生;水面附近纵向紊动强度更大,且流量越大时,水面附近纵向紊动强度差异越显著。这是因为剧烈收缩时,隧洞内水面波动大,水面波动会使水流紊动强度增加,尤其是纵向紊动强度,且水面波动的影响随着弗劳德数增加更显著(Nezu,Nakagawa;1993)。EI-Shewey 和 Joshi (1996)报道了明渠局部对称突缩段下游弗劳德数增加,存在水面波动的现象,紊动强度受此影响在水面附近增加,且收缩越剧烈,紊动强度增幅越大。试验对比结果表明,过渡段收缩越缓,隧洞内水面波动越弱,纵向紊动强度越小。

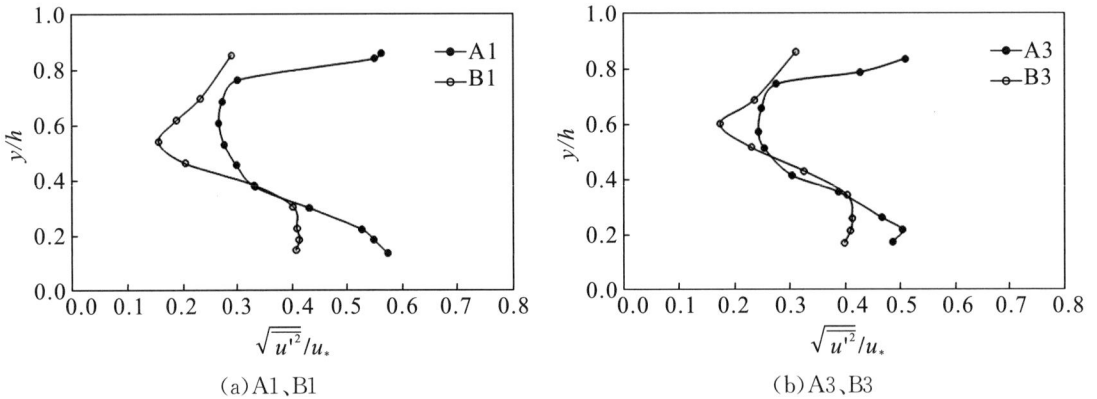

(a)A1、B1　　　　　　　　　　　　(b)A3、B3

图 3.3-40　不同收缩段对马蹄形隧洞内 CS5 和 CS6 测面纵向紊动强度分布影响

3.3.4.3　隧洞进口过渡段局部水头损失规律

(1)剧烈收缩局部损失规律

输水明渠水头损失大小直接关乎工程效益。隧洞进口附近过渡段局部水头损失是总水头损失的主要因素。对不同流量运行水平下,过渡段局部损失规律做进一步试验研究。在过渡段剧烈收缩模型中设置 17 组恒定流试验,各组试验水力参数见表 3.3-8。试验流量 $Q=(3.88\sim17.05)\mathrm{L/s}$,来流水深 $h_u=(6.59\sim15.99)\mathrm{cm}$,弗劳德数 $Fr_u=U/\sqrt{gA/B}=(0.32\sim0.55)$,其中下标 u 表示上游来流相应参数,g 为重力加速度,A 为过流面积,B 为水面宽度,U 为断面平均流速,$U=Q/A$;雷诺数 $Re_u=4UR/\upsilon=(4.1\sim8.3)\times10^4$,$R$ 为水力半径,υ 为运动黏滞系数,根据试验水温条件取 $1.141\times10^{-6}\mathrm{m^2/s}$;$Re_{up}$ 表示按模型比尺换算得到的工程原型中相应雷诺数,本节文末分析时将用到。各组试验中水流均为缓流、紊流。试验沿程水深测量手段及测点布置同 3.3.2 节。

表 3.3-8 隧洞进口过渡段局部水头损失研究试验工况(剧烈收缩)

组次	$Q/(L/s)$	水面收缩角 $\theta/°$	Fr_u	$Re_u/\times10^4$	$Re_{up}/\times10^6$	h_u/cm
1	17.05	34.12	0.32	8.3	10.4	15.99
2	16.34	34.12	0.34	8.2	10.2	15.43
3	15.55	33.10	0.34	8.0	10.0	14.94
4	15.30	32.60	0.35	8.0	10.0	14.71
5	14.81	31.85	0.36	7.9	9.9	14.40
6	13.94	30.31	0.37	7.7	9.7	13.78
7	13.37	29.43	0.38	7.6	9.5	13.38
8	11.98	26.88	0.41	7.4	9.2	12.29
9	10.60	24.20	0.44	7.0	8.8	11.29
10	8.48	19.56	0.48	6.4	8.0	9.73
11	7.63	14.47	0.51	6.2	7.7	9.03
12	6.65	11.20	0.53	5.8	7.3	8.36
13	5.80	9.64	0.55	5.3	6.7	7.71
14	5.32	8.62	0.54	5.1	6.3	7.44
15	4.81	8.59	0.54	4.8	5.9	7.15
16	4.78	7.44	0.53	4.7	5.9	7.12
17	3.88	/	0.51	4.1	5.1	6.59

分析水面线试验测量结果。在不同流量条件下,第 1~14 组试验得到的水面线变化趋势相同,但隧洞进口过渡段内水位变化幅度不同;第 15~17 组试验中,当流量很小、水深很浅时,隧洞进口过渡段内水面变化规律与前面 14 组有所不同,如图 3.3-41 所示。图 3.3-41(a)为图 3.3-41(b)方框中的放大示意图,以清晰显示隧洞附近水面变化规律。第 15 组试验结果和第 16 组试验结果非常接近,因此图 3.3-41 中只作出了第 16 组工况中水面线。从图 3.3-41 中可以看出,第 16 组工况中,当流量 $Q=4.78L/s$ 时,水位在洞前过渡段内增加,在隧洞进口附近降低。这是因为水深浅时,底坡对水流干扰起主导作用,同时水面收缩角小,侧壁收缩对水流影响减弱。一方面,弧底梯形断面渠道向扭曲面过渡时,弧底渐变为平底形成一小段长 0.2m 范围的逆坡,导致水位增加。当水深大时,这一小段逆坡对水位影响不明显。另一方面,扭曲面收缩段底坡大,其下游底坡小,对扭曲面段末端造成一定的壅水作用。当 $Q=3.88L/s$ 时,收缩段内水位先下降再增加,因为在收缩段内形成了急流($Fr=1.4$),而收缩段上游和下游隧洞内水流仍然为缓流状态,收缩段内形成了水跌,如图 3.3-42 所示。水流流态转换通常伴随更大的能量损失,因此在分析局部水头损失规律时,仅

对第1～16组试验数据分析。

同时需要指出的是,隧洞内渐变段中,过流面积减小,水流流速增大,水深减小,水位下降。当流量小、水面收缩角小时,隧洞渐变段中几乎不存在水面波动,如图3.3-43(a)所示。为表示比较,图3.3-43(b)给出了大流量时隧洞渐变段内水面波动作用。

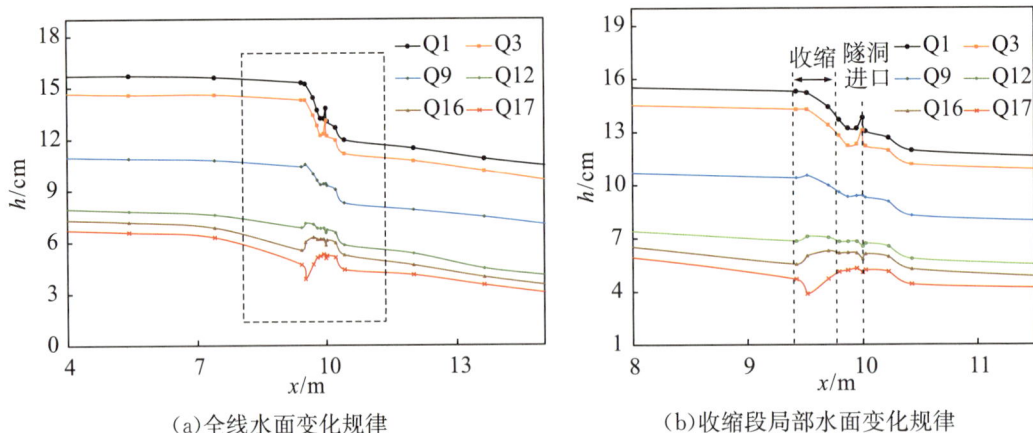

(a)全线水面变化规律   (b)收缩段局部水面变化规律

图3.3-41 不同流量条件下水面沿程变化规律(剧烈收缩)

图3.3-42 当$Q=3.88L/s$时收缩段内水跌现象

(a)小流量下无水面波动   (b)大流量下水面波动显著

图3.3-43 隧洞内渐变段内水面特征

下面分析隧洞前进口过渡段内局部水头损失规律。设过渡段上、下游水流总水头分别为 E_u、E_d，取上游计算断面位于渠道进口 5.42m 处，根据水面线规律和流速测量结果，该处水流较均匀；下游计算断面距马蹄形隧洞始端 1.62m，距出口 3.18m，该处水流受过渡段及出口影响均较小。由恒定总流能量方程计算过渡段局部水头损失为：

$$h_j = E_u - E_d - h_f = z_u + h_u + \alpha_u \frac{U_u^2}{2g} - z_d - h_d - \alpha_d \frac{U_d^2}{2g} - h_f \qquad (3\text{-}15)$$

式中，z_u、z_d——上、下游断面渠底高程；

$\quad$ h_u、h_d——上、下游断面中垂线处水深；

$\quad$ U_u、U_d——上、下游断面纵向平均流速；

$\quad$ α_u、α_d——上、下游断面动能修正系数，取 1.05；

$\quad$ h_f——上、下游断面间沿程水头损失，由达西—魏斯巴赫公式计算：

$$h_f = \lambda \frac{l}{4R} \frac{U^2}{2g} \qquad (3\text{-}16)$$

式中，l——所取计算段的长度；

$\quad$ λ——沿程损失系数。

将上、下游沿程损失分开计算，分别找到上游梯形明渠和下游马蹄形隧洞中形成均匀流的工况，即水面坡降与底坡相等的工况，利用该工况数据求出上、下游沿程损失系数 λ_u、λ_d，然后将该系数用于各工况上、下游沿程损失计算。过渡段局部水头损失主要与水面收缩角、过流断面几何形状、水流弗劳德数及雷诺数有关。本试验条件下过渡段局部水头损失 h_j 与水面收缩角 θ、上游水流雷诺数 Re 关系分别如图 3.3-44 和图 3.3-45 所示。

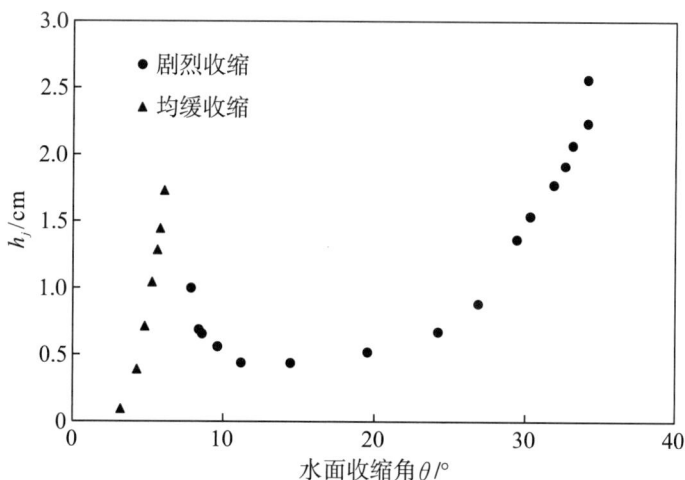

图 3.3-44　局部水头损失 h_j 与水面收缩角 θ 关系

117

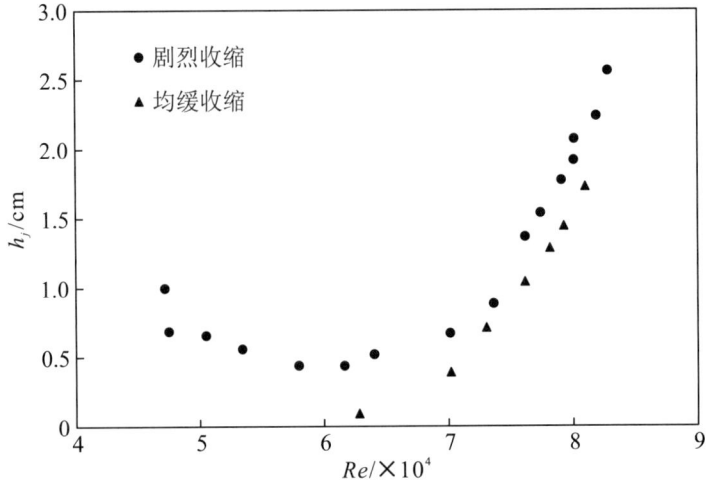

图 3.3-45　局部水头损失 h_j 与雷诺数 Re 关系

由图 3.3-44 可知,局部水头损失随着水面收缩角的增大先减小再增加,存在一个最小值。在低水深条件下,水深越浅,水面收缩角越小,局部水头损失越大;在高水深条件下,水面收缩角越大,局部水头损失越大。这主要是因为,在低水深条件下底坡变化对水流特性起控制作用,水深越浅,底坡变化对水流影响越大,局部水头损失越大;高水深条件下,底坡变化对水流阻碍作用不如侧壁收缩明显,侧壁收缩对水流特性起主导作用,局部水头损失随着水面收缩角的增加而增加。Datta 等(2014)和 Negm 等(2003)对不同类型明渠收缩段研究均表明,当渠道侧壁收缩越剧烈时,水体紊动越强烈,水头损失越大。图 3.3-45 表明局部水头损失随着雷诺数变化和随着水面收缩角变化有类似规律。

定义过渡段局部水头损失系数 $\xi = h_j/(U^2/2g)$,其中 U 为收缩段下游断面平均流速,局部水头损失系数随着水面收缩角的增加而先减小后增加,如图 3.3-46 所示。当水深浅时,过渡段底坡变化起主导作用,将水流视作倾斜的台阶流分析。缓流条件下,当渠底存在 $45°$ 的负台阶时,局部水头损失系数(按台阶上速度水头计算)$\xi = 0.74(\Delta z/h_1)^{0.5}$,其中 Δz 为台阶高度,h_1 为台阶上水深(Tokyay, Altansakarya; 2011)。因此水深越浅,局部水头损失越大。当水深增加到一定程度后,底坡变化对水流干扰不明显时,过渡段侧壁收缩起主导作用,水面收缩角越大,局部水头损失系数越大,与圆管收缩结论类似,如夏永旭和石平(2006)用数值计算研究风道阻力时,得到隧洞收缩段局部损失系数随着收缩角的减小而减小的结论;Hager (2010)给出管道收缩时,局部损失系数随着收缩角和上、下游断面面积比变化的函数关系式,当上、下游断面面积一定时,局部损失系数随着收缩角的增加而呈多项式形式增加。据此,提出用下式表示过渡段局部水头损失系数:

$$\xi = \theta_m \times (1 - A_d/A_u)^4 + a \times (\Delta z/h_d)^b \tag{3-17}$$

式中，A_u、A_d——收缩段上、下游断面过流面积；

θ_m——局部水头损失最小时相应的水面收缩角，当 $A_d/A_u < 1$ 时，$\theta_m = 12.5°$，当 $A_d/A_u > 1$ 时，$\theta_m = 0$；

Δz——收缩段渠底高程变化；

a、b——待定参数，需根据试验确定。

在本试验条件下，拟合得 $a = 3.5$，$b = 2.6$，拟合曲线如图 3.3-46 所示，拟合优度 $R^2 = 0.98$。

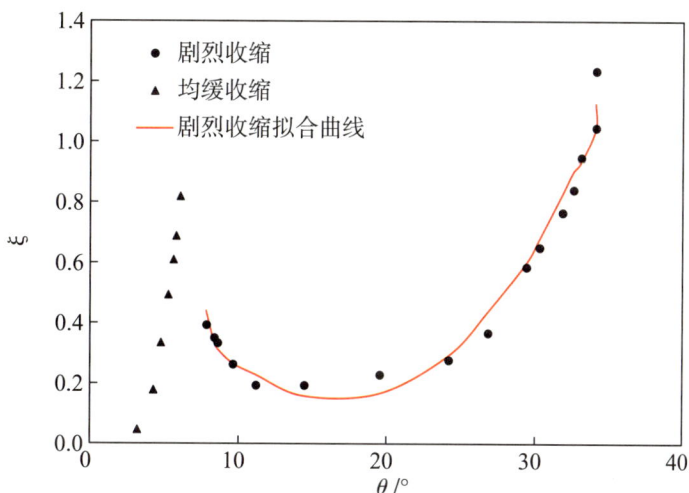

图 3.3-46　局部水头损失系数 ξ 与水面收缩角 θ 关系

局部水头损失系数随来流雷诺数变化趋势与水面收缩角同，如图 3.3-47 所示。

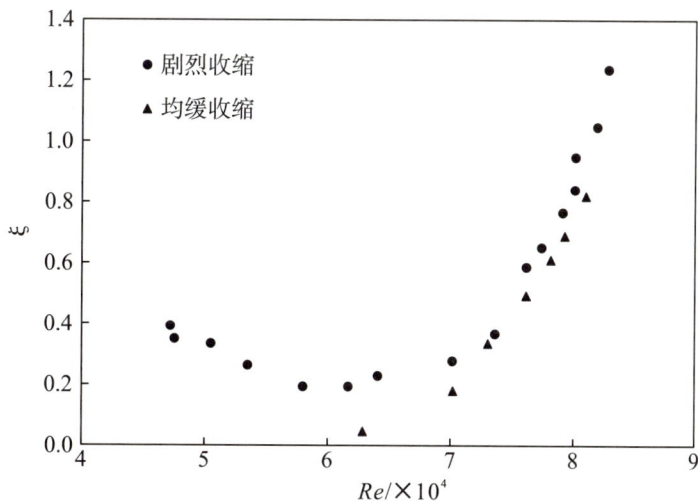

图 3.3-47　局部水头损失系数 ξ 与雷诺数 Re 关系

（2）均缓收缩局部损失规律

在过渡段均缓收缩模型中设置 7 组恒定流试验,各组试验水力参数见表 3.3-9。试验流量范围 $Q = (8.3 \sim 15.81)$ L/s,来流水深 $h_u = (9.71 \sim 15.19)$ cm,弗劳德数 $Fr_u = 0.34 \sim 0.57$,雷诺数 $Re_u = (6.3 \sim 8.1) \times 10^4$,各组试验中水流均为缓流、紊流。试验沿程水深测量手段及测点布置同 3.3.3 节。

表 3.3-9 　　　　　　　　隧洞进口过渡段局部水头损失研究试验工况（均缓收缩）

组次	$Q/(\text{L/s})$	水面收缩角 $\theta/°$	Fr_u	$Re_u/\times 10^4$	h_u/cm
1	15.81	6.07	0.34	8.1	15.19
2	14.90	5.80	0.35	7.9	14.20
3	14.36	5.61	0.49	7.8	13.82
4	13.46	5.27	0.50	7.6	13.57
5	12.10	4.79	0.51	7.3	12.61
6	10.83	4.28	0.52	7.0	11.63
7	8.30	3.21	0.57	6.3	9.71

仍采用式(3-15)计算局部水头损失,且过渡段上、下游参考断面相对位置不变。在各工况条件下,参考断面附近测量水深沿程不变,仍可视做均匀流处理;且均缓收缩模型和剧烈收缩模型在同一流量条件下,参考断面中垂线处水深相差 0.2cm 之内,因此认为此时收缩段延长对参考断面处水力要素的影响可基本忽略不计。均缓收缩时局部水头损失和局部水头损失系数与水面收缩角、雷诺数关系如图 3.3-44 至图 3.3-47 所示。

由图 3.3-44 至图 3.3-47 可知,在高水深条件下,均缓收缩过渡段局部损失和局部损失系数均水面收缩角增加而增加,随着雷诺数的增加而增加,变化趋势和剧烈收缩过渡段相同,但在相同雷诺数条件下,均缓收缩过渡段局部水头损失系数比剧烈收缩过渡段中小 0.1~0.2。即隧洞进口过渡段均缓收缩时,局部水头损失小。均缓收缩过渡段在本试验条件下,局部水头损失系数变化范围为 0.05~0.82,当水面收缩角 θ 为 3.21°,即隧洞进口水面位于城门洞形垂直边墙与顶拱交界附近时,局部水头损失系数取得最小值。此时底坡变化对水流的干扰作用尚不显著,隧洞进口城门洞形断面顶拱形成的横墙也不会产生阻挡作用,局部损失主要由侧壁收缩引起。各图结果比较说明,隧洞进口过渡段设计时应将水面收缩角控制在合理范围内,以减小水头损失,提高工程效益。采用模型 B 设计方式可指导工程输水能力提升改造。

另外,试验得到均缓收缩条件下局部水头损失系数最大值 0.82,仍大于相关经验参数值,如 Chow(1959)推荐明渠扭曲面过渡段局部水头损失系数取 0.2~0.3,主要原因在于本试验模型过渡段不仅包括梯形明渠到矩形明渠的扭曲面收缩,还包括隧洞内渐变段和底坡变化,且高水位条件下隧洞进口城门洞形断面顶拱存在横墙阻水作用,局部水头损失应考虑四因素的综合作用。相距很近的局部阻碍之间存在相互干扰,总局部水头损失为各单独作用局部水头损失总和的 50%~300%(李玉柱和贺五洲,2006)。已有管路试验结果也证实了这一点,如毛世民(1989)测量得到圆形弯管与扩散管的组合系统在不同组合条件下,局部损失系数是单因素作用下局部损失系数之和的 1.0~2.3 倍;贺益英等(2004)测量得两同类型弯管按不同间距连接时,系统阻力系数是各弯管阻力系数之和的 55%~100%。若取扭曲面局部水头损失系数为 0.3,隧洞进口横墙阻水引起局部水头损失系数为 0.05(Nam 等,2013),隧洞内过渡段局部水头损失系数为 0.1(基谢列夫,1957),底坡变化导致的局部水头损失系数 0.15(Tokyay,Altansakarya;2011),则各因素单独作用局部损失系数之和为 0.6,实测局部水头损失系数范围为 0.05~0.82,为单因素作用之和的 8%~137%,因此试验结果是合理的。

值得指出的是,本节研究结论是在模型水槽试验中得出的,在实际工程中水流雷诺数较大,一般处于紊流阻力平方区。如表 3.3-8 中列出工程原型中相应雷诺数 Re_{up},其范围为 $5.1 \times 10^6 \sim 1.04 \times 10^7$。由蔡克士大公式,临界雷诺数 $Re_c = 63R/(k_s \sqrt{\lambda}) = 1.8 \times 10^6 \sim 3.9 \times 10^6$,其中 k_s 为有机玻璃当量粗糙度,取 0.007mm。本节试验条件下,水流雷诺数 $Re = 5.0 \times 10^4 \sim 8.0 \times 10^4 < Re_c$,处于紊流光滑区或过渡区,此时受缩尺效应,雷诺数对局部水头损失系数存在影响,模型试验得到的局部水头损失系数比实际工程大。但以剧烈收缩工况 3(设计流量水平 $Q = 15.55$L/s)为例,模型局部水头损失系数比相应工程原型模拟计算结果仅大 5%(吴永妍等,2016),因此认为缩尺效应对局部水头损失系数影响很小,模型试验结果可用于实际工程分析。

3.3.5 工程输水能力提升改造方案及效果

根据对隧洞进口过渡段水动力特性试验和模拟研究结果,提出工程输水能力提升的改造方案。将 YE 工程 4#、5# 隧洞进口过渡段延长,使其均缓收缩,具体设计参数同 3.3.2 节中模型 B 设计参数。

工程按改造方案施工完成后,再次投入运行。对改造后工程进行现场观测,验证收缩段延长对输水能力的改善效果。流量测量采用表面流速系数法进行,表面流速通过美国德卡托公司产的手持式电波流速仪 SVR-VP 测得,测量选址在 4# 隧洞进口前的矩形段,观测选在晴朗无风条件下进行。SVR 在渠道监测及天然河道观测中均有广泛应用（Welber 等，2016；张弘，2016），其电波发射角为 12°，测量精度为读数的 5%，测量范围为 0.3~9.1m/s。SVR 测量基于多普勒原理，测量时可自动补偿 60°以内的俯角，并根据设定的水平方位角（与流向夹角）计算表面流速。每次测量时，取用流速仪 5s 内测量 10 次的平均值；每个测点重复测 3 次，在每次测量差别不大的情况下，取平均值作为该测点测量结果。实际观测时，控制仰角在 45°左右（Tamari 等，2014），分别在岸边和隧洞前的过桥上不同位置、不同方向对准渠道中线测量（图 3.3-48），以减小测点位置、水平角等因素造成的误差。

(a)横向过桥   (b)岸边

图 3.3-48　SVR 在不同位置处测表面流速

通过比对不同测点处多次测量结果，发现在隧洞进口前横向过桥上迎水流方向测得的表面流速最稳定。该处表面流速为 3.58m/s，渠道超高为 1.1m，渠高为 4.5m，渠宽为 4.3m，宽深比为 1.3，属于深窄型明渠，根据表 2.4-1 取用表面流速系数为 $\lambda_s = 0.886$，计算得过流量为 46.4m³/s。监测站提供的流量数据为 46.7m³/s，两者误差为 0.86%，表明测量结果合理可用性。

工程改造后按原日常运行流量 42m³/s 运行时，渠道内水面平稳，隧洞进口前 6m 处超高为 1.35m，比原工程相应位置超高增加。由于隧洞进口处修建了过桥，只能用该处测量值近似洞口运行值。当流量为 48m³/s 时，过渡段水面平稳，过流条件有明显改善（图 3.3-49），隧洞进口断面中部水面局部壅起现象消失，但水面波动仍然存在，水流形态与模型试验中观测一致，这也再次说明了试验结论的合理性。测得隧洞进口超高 1.05m，符合《调水工程设计导则》（SL/T 430—2024）要求，表明工程改进后通过设计流量是可行的，输水能力提高了 14%。

图 3.3-49　过渡段延长后设计工况下过流条件改善

3.4　小结

通过模型试验和数值仿真,归纳比较了隧洞进口剧烈收缩和均缓收缩时,水面变化规律、隧洞内纵向流速和紊动强度分布的异同;同时补充试验研究了不同收缩条件下局部水头损失规律的异同。将研究成果用于分析指导 YE 工程隧洞进口过渡段改造,提高了工程输水能力。研究结论如下:

①隧洞进口过渡段剧烈收缩和均缓收缩时,过渡段内水位均沿程降低,剧烈收缩时水面坡降大。在收缩段出口水位均上升,剧烈收缩时,水流出收缩段后,在进入隧洞前水位一直增加,且在洞口处水流横向分布不均,断面中部水面局部壅高,流量越大,壅高越严重。均缓收缩时,水面变化平缓。

②隧洞进口前收缩段对隧洞内纵向流速分布影响需沿垂向分区讨论。在 $y/h<$ 0.4 范围,收缩段通过影响纵向水面坡度,从而影响摩阻流速大小来影响流速分布;在 $0.4<y/h<0.6$ 范围,流速分布不受收缩段影响;在水面附近 $y/h>0.6$ 处,收缩段通过产生水面波动影响流速分布,渠道收缩剧烈时,水面波动大,水面附近流速大。

③隧洞进口收缩段对隧洞内紊动强度大小影响较大,剧烈收缩时,渠底附近紊动强度更大;水面附近由于水面波动作用紊动更强烈。

④隧洞进口局部损失规律需根据水深大小分情况讨论。当渠道内水深很小时,过渡段局部水头损失主要受底坡变化影响;当水深较大时,局部水头损失主要受侧壁收缩影响。因此局部水头损失随水面收缩角和弗劳德数增加均呈先减小再增加的规律。局部水头损失系数可以表示成收缩段前后过流面积比和底部高程差的多项式函数。过渡段均缓收缩时,隧洞进口局部水头损失系数减小 0.1~0.2。

⑤YE 工程因隧洞进口过渡段剧烈收缩,水面变化剧烈,洞内水面波动大,水流横向分布不均。设计工况下隧洞进口超高不足,渠道输水能力受到限制。在过渡段内布置导流板可以促进横向单宽动量分布均匀,但仍不能使渠道达到设计输水能力;延长过渡段使其均缓收缩后,水面沿程平稳,下游隧洞内水面波动减弱,渠道可以达到设计输水能力。改进工程竣工后现场观测表明,渠道在设计工况下运行时,水面平顺,水流形态良好,隧洞内超高可满足水工安全规范要求,工程输水能力较改进之前提高了 14%。

4 明渠及渡槽输水能力提升的实践研究

4.1 工程研究对象

选取南水北调中线一期工程为研究对象。南水北调中线一期工程从丹江口水库引水,向北京、天津、河北、河南4省(直辖市)的主要城市以生活、工业供水为主,兼顾生态和农业用水,多年平均调水量为95亿 m³。总干渠全长1432km,其中,渠首至北拒马河段(进入北京的起点)长1197km,为梯形明渠,采用全断面衬砌;北京段(北拒马河至团城湖段)长80km,为PCCP管和暗涵;天津干线长155km(总干渠西黑山分水闸至天津外环河),为箱涵。总干渠陶岔渠首设计流量350m³/s,加大流量420m³/s;末端北拒马河设计流量50m³/s,加大流量60m³/s。全线布置158座输水建筑物(不计惠南庄泵站),包括渡槽27座、倒虹吸102座、暗渠17座、隧洞12座。

南水北调中线一期工程自通水运行以来,在供水保障、水质改善、生态修复、经济发展等方面都发挥了重要作用。然而近几年总干渠在超设计流量输水过程中,局部渠段出现渠道水位异常偏高的现象,个别建筑物附近水流波动较大,存在一定的阻水风险,对工程效益充分发挥造成一定制约(吴永妍等,2024)。本章通过原型试验和数值仿真结合的手段,分别对渠道和建筑物过流能力不足导致的总干渠输水能力不足开展研究,探究工程输水能力提升路径。

4.2 工程输水能力分析

4.2.1 渠道过流能力分析

渠道过流能力变化主要通过渠道综合糙率变化体现,本书中通过渠道综合糙率研究进行。总干渠陶岔渠首—末端北拒马河由61座节制闸划分成60个渠段,依次编号为1、2、3…、60。根据工程2020—2022年期间的水位和流量监测数据,选取3～8组水流平稳的工况,针对每个渠段,利用恒定流能量方程推算各组工况下的综合糙率,并取其平均值,结果如图 4.2-1 所示。

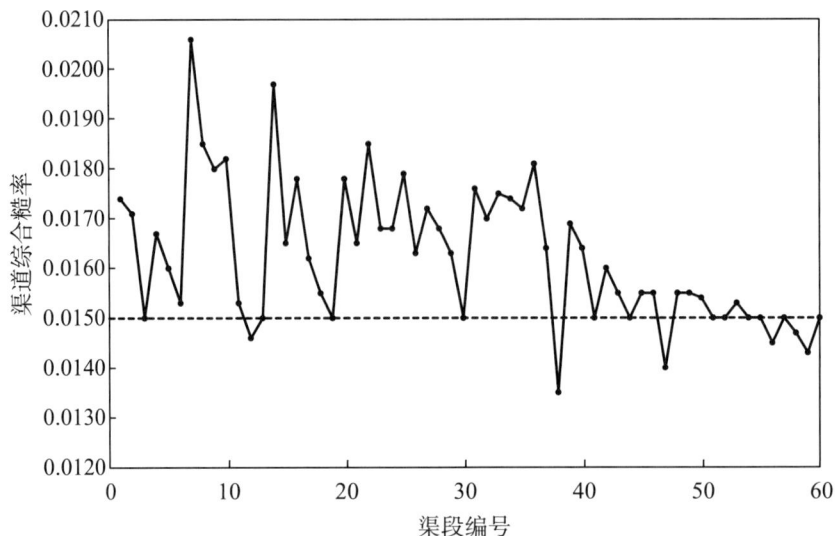

图 4.2-1　总干渠沿线各渠段渠道综合糙率率定结果

由图 4.2-1 可见,中线总干渠通水运行近十年,渠道综合糙率实际值与设计值产生了一定差异。全线 60 个渠段中,渠道综合糙率不超过设计值 0.015 的渠段有 18 个,占 30％;渠道综合糙率介于 0.015(不含)与 0.018(含)之间的渠段有 36 个,占 60％;渠道综合糙率大于 0.018 的渠段有 6 个,占 10％。

根据渠道实际综合糙率变化,在总干渠沿线首端、中部、末端各选取 1 个典型渠段说明渠道综合糙率率定情况。

(1)渠段 3(K36+444～K48+781)

该渠段长 12.337km,设计流量 350m³/s,加大流量 420m³/s,纵坡 1/25000。渠道断面形式为梯形断面,底宽 15.5～19.5m,边坡 1∶2.0～1∶3.25。渠道内共布置 2 段渐变段,各段渐变段长度约 50m。主要跨渠交叉建筑物包括跨渠桥梁 11 座,左排渡槽 2 座。渠段内布置分水口门 1 处,退水口 1 处。

渠段内输水建筑物 1 处,为刁河渡槽。采用 3 孔布置,槽身段长 896m。设计流量 350m³/s、加大流量 420m³/s,设计水头损失 0.45m、加大水头损失 0.50m。

选取了 2021 年和 2022 年内共 9 组恒定输水工况下的水位、流量数据开展糙率率定。渠段上游端流量范围为 250～385m³/s。各组综合糙率分析结果如表 4.2-1 所示。各组观测数据分析的糙率率定值均为 0.0150,结果一致性较好,渠道综合糙率维持设计值。

表 4.2-1 渠段 3 的渠道综合糙率计算结果

渠段编号	选取数据时间	上游端流量/(m³/s)	上游端水位/m	糙率	糙率均值
3	2022.10.22 12:00—10.24 4:00	247.11	145.35	0.0150	0.0150
	2022.5.15 8:00—5.17 8:00	369.66	145.54	0.0150	
	2022.8.27 12:00—8.29 18:00	241.05	145.38	0.0150	
	2021.3.19 0:00—3.21 8:00	242.98	145.24	0.0150	
	2021.6.4 0:00—6.5 16:00	323.50	145.41	0.0150	
	2021.1.2 16:00—1.3 16:00	194.40	145.61	0.0150	
	2021.11.21 18:00—11.24 8:00	288.82	145.38	0.0150	
	2022.1.28 20:00—1.31 18:00	192.00	145.40	0.0150	
	2022.6.9 6:00—6.10 10:00	355.29	145.54	0.0150	

（2）渠段 27(K501+849～K530+507)

该渠段长 28.65km，设计流量 265m³/s，加大流量 320m³/s，纵坡 1/28000。过水断面形式为梯形断面，底宽 8.0～21.0m，边坡 1:2.0～1:2.25。渠道内共布置 10 段渐变段，各段渐变段长 20～30m。渠段内布置分水口门 2 处、退水口 1 处。

渠段内输水建筑物数量较多，主要有 7 处倒虹吸管。各倒虹吸设计流量均为 265m³/s、加大流量均为 320m³/s。除 1 座倒虹吸孔数为 3 孔，总长 1380m、设计水头损失 0.62m 外，其余倒虹吸孔数均为 4 孔，总长 242～491m，设计水头损失 0.12～0.20m。

选取 2020—2022 年内 4 组工况下的水位、流量数据开展糙率率定。渠段上游端流量范围为 140～240m³/s。各组综合糙率计算结果如表 4.2-2 所示。各组观测数据分析的糙率率定值范围为 0.0164～0.0178，计算结果均值为 0.0172，均方差为 0.0006，结果一致性较好。渠道综合糙率率定值略大于设计值。

表 4.2-2 渠段 27 的渠道综合糙率计算结果

渠段编号	选取数据时间	上游端流量/(m³/s)	上游端水位/m	糙率	糙率均值
36	2022.5.13 8:00—5.15 4:00	227.60	107.40	0.0178	0.0172
	2020.8.10 4:00—8.11 6:00	240.41	107.24	0.0172	
	2022.4.23 12:00—4.25 8:00	231.54	107.41	0.0172	
	2022.2.14 2:00—2.16 0:00	141.98	106.91	0.0164	
	2022.6.3 2:00—6.4 6:00	248.12	93.00	0.0182	
	2021.9.16 8:00—9.18 2:00	250.39	93.09	0.0178	

(3)渠段 59(K1157+587~K1172+289)

该渠段长 14.702km,设计流量 60m³/s,加大流量 70m³/s,纵坡 1/26000~1/20000。过水断面形式为梯形断面,底宽 0~15.0m,边坡 1:0.75~1:2.5。渠段内共布置 10 段渐变段,各段渐变段长 0~30m。渠段内无分退水口。

渠段内有输水建筑物 4 处,均为倒虹吸,2 孔布置,长 292~397m,设计水头损失 0.07~0.09m。

选取 2021 年和 2022 年内 4 组工况开展糙率率定。渠段上游端流量范围为 50~65m³/s。各组综合糙率计算结果如表 4.2-3 所示。各组观测数据分析的糙率率定值范围为 0.0136~0.0146,计算结果均值为 0.0143,略小于设计值。

表 4.2-3　　　　　　　　　　渠段 59 的渠道综合糙率计算结果

渠段编号	选取数据时间	上游端流量/(m³/s)	上游端水位/m	糙率	糙率均值
59	2022.9.4 4:00—9.5 12:00	51.15	62.71	0.0146	0.0143
	2021.6.13 22:00—6.16 0:00	61.17	62.87	0.0144	
	2022.6.9 10:00—6.10 10:00	59.78	62.81	0.0140	
	2020.6.15 10:00—6.17 2:00	65.39	62.82	0.0136	

表 4.2-1 至表 4.2-3 的计算结果表明,各渠段采用不同流量工况数据分析得到的糙率结果基本一致,渠道综合糙率与流量或水位无明显相关关系。不同渠段的渠道综合糙率时空变化规律不尽相同,这主要有两个方面原因。

①渠道综合糙率本身包含了各种不可知因素的影响,具有一定的不确定性(卫小丽等,2021)。凡是能影响研究区域内水力梯度、水力半径的工程要素均能影响综合糙率值,如渠道断面尺寸、渠道水深、壁面粗糙度、输水建筑物形式、渠道平顺情况、渠道淤积、悬浮泥沙、运行年限以及运行维护条件等。渠道淤积、壳菜附着等现象随着运行时间的延长难以避免,受特殊气候或地质条件的影响,局部地区可能出现衬砌板破损或异位等问题,增加了渠道糙率。但同时,中线工程运行管理单位根据需要适时开展了渠道修复维护措施,一定程度上恢复了渠道综合糙率。因此,从影响因素上来讲,中线总干渠渠道的综合糙率是一个随时间变化的参数。

②渠道综合糙率根据原型观测值反算得到,具有一定的浮动范围。一方面,实际工况下的流态具有显著的复杂多样性,难以严格达到糙率定义满足的恒定均匀流状态;另一方面,根据观测数据反算的渠道综合糙率不可避免地受到流量和水位测量误差的影响。

理论上,糙率率定误差与流量测量误差基本相同。以渠段 6 为例,分析闸上水位、闸下水位增减 0.05m 和过闸流量增减 5% 对渠道综合糙率率定的影响。选取 2021 年 6 月 4 日 20 时至 2021 年 6 月 6 日 4 时观测数据为基准情景,上游端节制闸流量计观测值 324.06m³/s,渠段内共分水流量 1.62m³/s,上游端节制闸闸后水位 141.89m,下游端节制闸闸前水位 140.60m。考虑数据变化的同向或异向,共设置 8 种情景,如表 4.2-4 所示。基准情景下渠道综合糙率率定值为 0.0150,考虑观测误差的不同情景下渠道综合糙率率定结果为 0.0150~0.0185。

表 4.2-4　　　　　　　　　　水位、流量数据测量误差对糙率率定影响

情景名称	上游端水位	下游端水位	过闸流量	率定渠道综合糙率
基准情景	141.89m	140.60m	324.06m³/s	0.0150
情景 1	+0.05	+0.05	+5%	0.0155
情景 2	+0.05	+0.05	−5%	0.0185
情景 3	+0.05	−0.05	+5%	0.0165
情景 4	+0.05	−0.05	−5%	0.0175
情景 5	−0.05	+0.05	+5%	0.0150
情景 6	−0.05	+0.05	−5%	0.0170
情景 7	−0.05	−0.05	+5%	0.0155
情景 8	−0.05	−0.05	−5%	0.0185

4.2.2　输水建筑物水头损失分析

南水北调中线一期工程共 140 余座输水建筑物经历了节制闸全开的敞流输水工况,其流量接近设计或加大流量,可利用实测水情数据推算这些输水建筑物的水头损失情况。对于部分暂不具备可分析工况的建筑物,如穿黄隧洞、西黑山节制闸等,根据实测数据分析表明,即使闸门入水情况下,输水建筑物水头损失仍不超过其设计值,可仍按设计水头损失估算。

以 2021 年、2022 年大流量输水期间实测数据为主,分析全线输水建筑物水头损失。计算表明,输水建筑物总体耗用水头不超过设计值。其中,实际耗用水头损失大于设计值的输水建筑物 15 座,占比 10.5%;实际耗用水头损失低于设计值的输水建筑物 12 座,占比 8.4%;基本维持设计值的输水建筑物 116 座,占比 81.1%。水头损失偏大的输水建筑物中,有倒虹吸 11 座、渡槽 3 座、暗涵 1 座。

输水建筑物水头损失值的变化对工程输水能力影响不大,但渡槽建筑物进出口水面波动对输水安全存在一定制约。后文中将聚焦渡槽进出口局部过流能力进行研究。

4.3 工程输水能力变化的影响因素分析

4.3.1 渠道过流能力的影响因素分析

总干渠渠道过流能力变化主要体现在综合糙率上,渠道综合糙率变化的主要影响因素包括渠道过水表面粗糙度变化影响、桥墩柱阻水影响等。

(1)渠道过水表面粗糙度变化影响

渠道过水表面粗糙度变化主要指渠道衬砌板破损,如错台、裂缝、下滑、隆起、塌陷、断裂等,降低了渠道过水表面的平整度,增加了渠道综合糙率。以编号 34 渠段(K663+771~K688+186)为例,分析渠道衬砌破损对渠道综合糙率影响,如图 4.3-1 所示。

该渠段长 24.42km,设计流量 245m³/s,加大流量 280m³/s。渠段内衬砌板发生破损 38 处,于 2022 年 1 月底前完成了修复。选取 2020—2022 年相对稳定输水工况,计算衬砌板修复前后的渠道综合糙率变化,如表 4.3-1 所示。

从表 4.3-1 计算结果来看,渠段 34 的渠道综合糙率从 2020 年后随时间增长逐渐降低。因此,渠道衬砌破损会造成渠道综合糙率增加,当衬砌破损程度严重时,采取衬砌修复可对渠道综合糙率起到一定程度的降低作用,从而提高渠道过流能力。

表 4.3-1　　　　　　　　　　　渠段 34 的渠道综合糙率变化规律

时间	上游端 流量/(m³/s)	下游端 水位/m	糙率	均值
2020.8.10 4:00—8.11 6:00	231.88	95.79	0.0184	0.0182
2020.6.16 12:00—6.17 8:00	266.53	94.99	0.0180	
2021.1.23 8:00—1.24 0:00	112.86	95.62	0.0178	0.0178
2021.9.23 20:00—9.24 16:00	259.27	94.94	0.0178	
2022.2.14 2:00—2.16 0:00	132.43	95.72	0.0174	0.0168
2022.4.23 12:00—4.25 8:00	222.23	94.68	0.0166	
2022.5.13 18:00—5.15 4:00	219.12	94.50	0.0164	

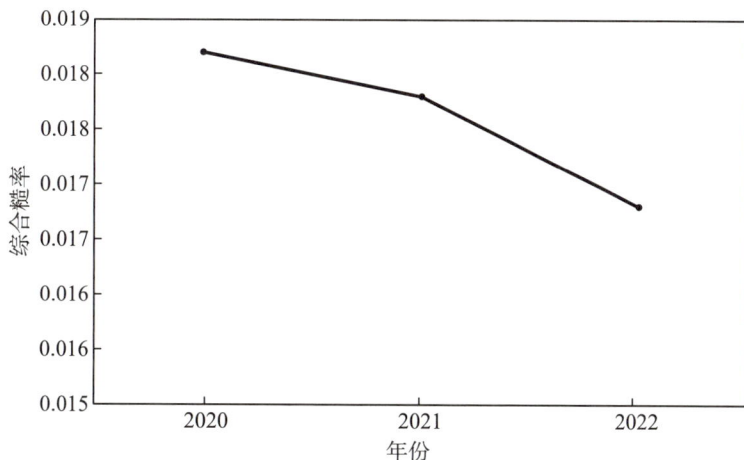

图 4.3-1 渠段 34 的渠道综合糙率变化规律

(2)桥墩柱阻水影响

总干渠陶岔渠首至北拒马河段共布置 1400 余座跨渠建筑物,其阻水影响考虑在渠道综合糙率中。在实际输水过程中,水流绕过桥柱形成了卡门涡街(图 4.3-2),水流紊动强烈,增加了局部阻力损失,相当于增加了渠道综合糙率。

根据圆柱绕流理论,产生卡门涡街现象的条件之一为水流雷诺数超过 3×10^6。根据总干渠沿线各段渠道均匀流水力学计算,设计流量条件下,以编号 50 渠段为界,上游水流雷诺数均超过 3×10^6,下游水流雷诺数基本不超过 3×10^6。这与总干渠渠道综合糙率率定结果规律基本吻合,也表明桥墩柱附近产生卡门涡街现象,是渠段渠道综合糙率增加的重要因素之一。

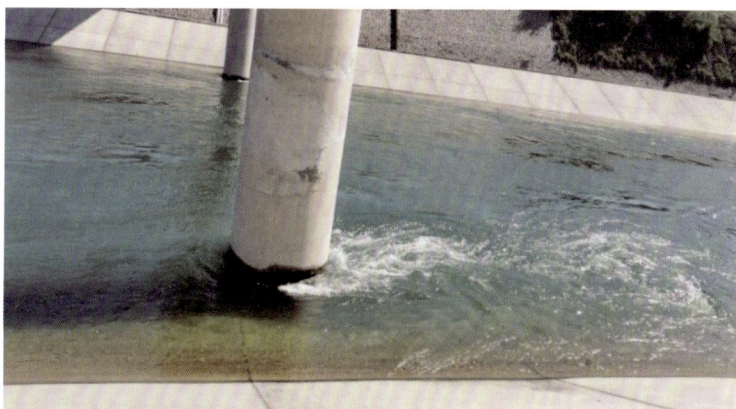

图 4.3-2 单柱桥梁墩柱部位附近水流流态

4.3.2 输水建筑物过流能力的影响因素分析

根据工程运维资料,输水建筑物内泥沙淤积量较低。输水建筑物过流能力不足可能由两个方面造成。

①总干渠超设计流量输水期间,输水建筑物进出口流态紊乱,造成局部水头损失增加。部分渡槽槽身内水位波动较大,甚至出现波浪拍打横梁、边壁漫溢等现象(陈晓楠等,2024;屈志刚,李政鹏,2022);部分倒虹吸出口水位波动幅度大,甚至出现异响现象。

②输水建筑物表面贝类附着等,导致过水表面粗糙程度变化,造成沿程水头损失增加(李立群等,2022)。已有研究表明,倒虹吸、渡槽在不同贝类附着密度条件下,糙率会有不同程度的增加(潘志权,李冬平,2009;徐梦珍,2019)。倒虹吸贝类附着密度约 5000 个/m² 时,糙率值将增加 0.017~0.018;附着密度达 10000 个/m² 时,糙率值将增加 0.010。渡槽贝类附着密度约 2000 个/m² 时,糙率值将增加 0.018;附着密度达 5000 个/m² 时,糙率值将增加 0.027。输水建筑物表面淡水壳菜附着密度是随空间和时间变化的。根据典型输水建筑物部分通道停水条件下的采样观测结果,结合理论分析预测,南水北调中线总干渠中淡水壳菜平均附着密度总体上从南向北先增加、后降低,下游段部分断面附着密度甚至为 0 个/m²。这也正好解释了沿线建筑物过流能力变化存在差异性。

4.4　工程输水能力变化的仿真研究

4.4.1　桥墩柱对渠道过流能力的影响研究

以编号 7 渠段为例进行研究,该渠段渠道的综合糙率率定值高于设计值。渠段内共布置 23 座桥墩柱。渠道底宽 22~18m,边坡比 1:2 或 1:2.5,渠道坡降为 1:25000。采用数值仿真,研究跨渠公路桥布置在设计流量条件下对水头损失的影响。

数值仿真采用基于大涡模拟(LES)的三维水动力学数学模型,大涡模拟采用的控制方程为滤波后的 N-S 方程如下:

$$\frac{\partial u_i}{\partial x_i}=0$$

$$\frac{\partial \overline{u_i}}{\partial t}+\overline{u_j}\frac{\partial \overline{u_i}}{\partial x_j}+\frac{1}{\rho}\frac{\partial \overline{p}}{\partial x_i}-\frac{\partial \tau_{ij}}{\partial x_j}-v\frac{\partial^2 u_i}{\partial x_i \partial x_i}=0$$

式中:u_i、p——滤波后的流速分量和压强;

ρ、v——水密度和动力黏性系数;

$x_i(i=1,2,3)$——坐标轴 x,y,z,τ_{ij} 为亚格子应力,体现小尺度扰动对大尺度运动的影响。

采用标准 Smagorinsky-Lilly 模式模拟亚格子应力:

$$\tau_{ij}=2v_t S_{ij}-\frac{1}{3}\delta_{ij}R_{kk};S_{ij}=\frac{1}{2}\left(\frac{\partial \overline{u_i}}{\partial x_j}+\frac{\partial \overline{u_{ji}}}{\partial x_i}\right);v_t=(C_s\Delta)^2(2S_{ij}S_{ij})$$

式中,$\triangle$——网格梯级;

　　C_s——经验系数,取 0.08。

上游入流边界取流量边界条件,下游出流取水位边界条件,渠道边坡和渠底固壁边界取无滑移边界条件。

(1)无阻水建筑物渠道过流能力分析

无阻水建筑物的渠段计算分析主要考虑为有阻水建筑物对渠道影响分析提供对照。计算范围选取标准段 1000m,采用矩形和棱柱形混合网格划分计算区域,单元网格单元为 1m×0.6m×0.3m(长×宽×高)。

标准明渠段水位分布计算结果如图 4.4-1 所示。当渠道糙率取值为设计值0.015 时,研究范围内水头损失为 3.0cm。以此推算渠段 7 内的明渠段在无阻水建筑物情况下,总水头损失为 62.1cm。

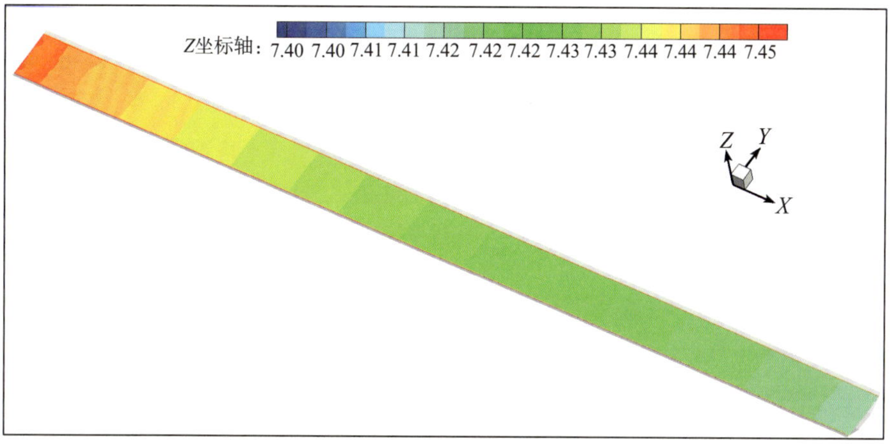

图 4.4-1　标准明渠段水位分布

(2)跨渠公路桥桥墩阻水影响分析

考虑渠道内两侧单双柱布置和桥墩不同跨径布置等情况,分析明渠段内不同跨渠公路桥桥墩布置对渠道过流能力影响。

1)单柱—跨径 30m 桥墩布置方案

在无阻水建筑物渠道的基础上,在渠道中间断面渠道两侧边坡上分别布设单个墩柱(图 4.4-2),桥墩直径均为 150cm,两侧墩柱跨径为 30m,桥渠交角为 90°,跨径为30cm。计算时,在无桥墩渠道网格划分方案的基础上,针对桥墩附近区域采用0.3m、0.1m 和 0.05m 三级网格进行逐级加密。

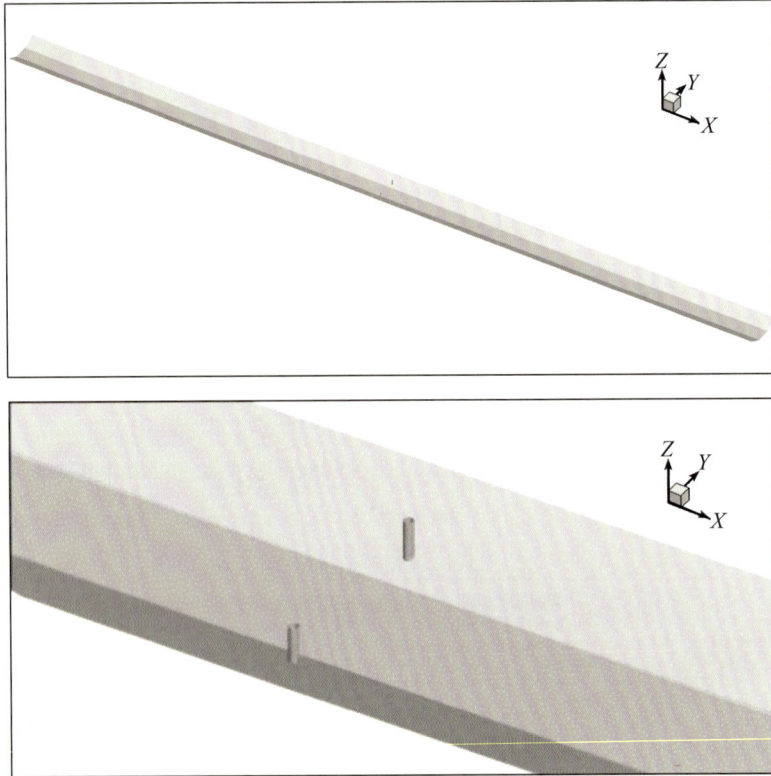

图 4.4-2　单柱桥墩布置示意图

　　桥墩局部渠段水位和流速变化分别如图 4.4-3、图 4.4-4 所示。由于桥墩的阻水作用,在渠道两侧桥墩下游均出现卡门涡街现象的流速分布和水面波动。在桥墩上下游范围内渠道两侧边坡水面呈周期性波动;桥墩之间的主流流速略有增大。经计算,该方案由桥墩阻水增加的渠段水头损失为 0.4cm。

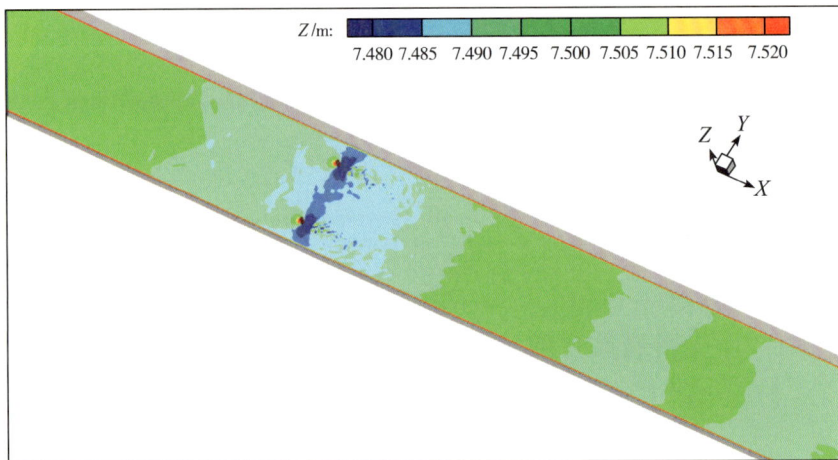

图 4.4-3　单柱—跨径 30m 桥墩方案的渠道水位分布

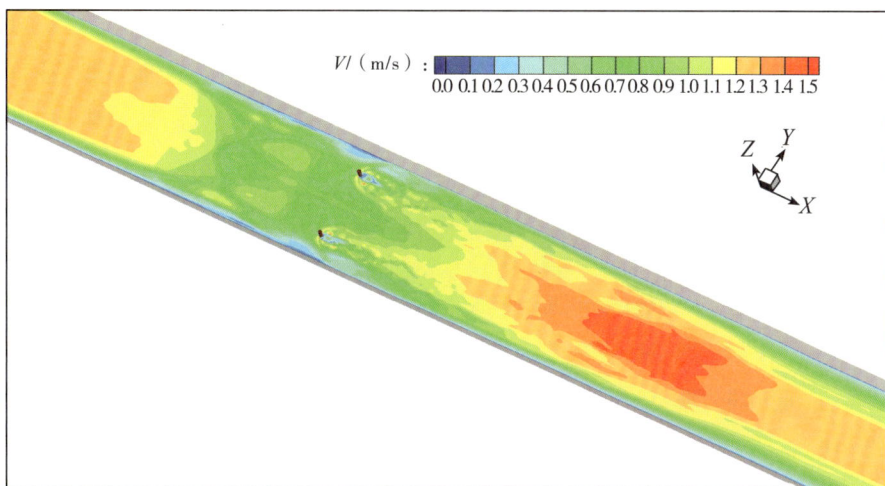

图 4.4-4　单柱—跨径 30m 桥墩方案的渠道流速分布

2）双柱—跨径 30m 桥墩布置方案

在单柱桥墩布置方案的基础上，将渠道两侧单柱桥墩改为双柱，两柱中心间距 4.9m，如图 4.4-5 所示。网格划分方法与单柱桥墩方案相同。

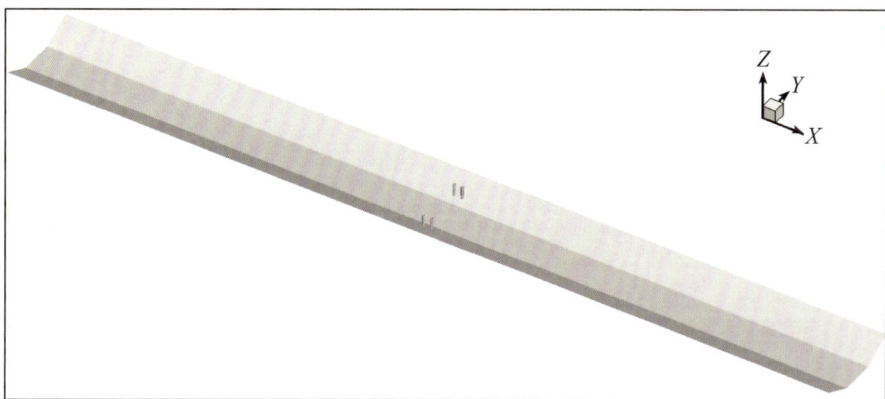

图 4.4-5　双柱—跨径 30m 桥墩布置示意图

桥墩局部渠道水位和流速变化分别如图 4.4-6、图 4.4-7 所示。双柱桥墩产生绕流和阻水影响比单柱桥墩布置作用略有增强。经计算分析，该方案由桥墩阻水增加的渠段水头损失为 0.5cm。

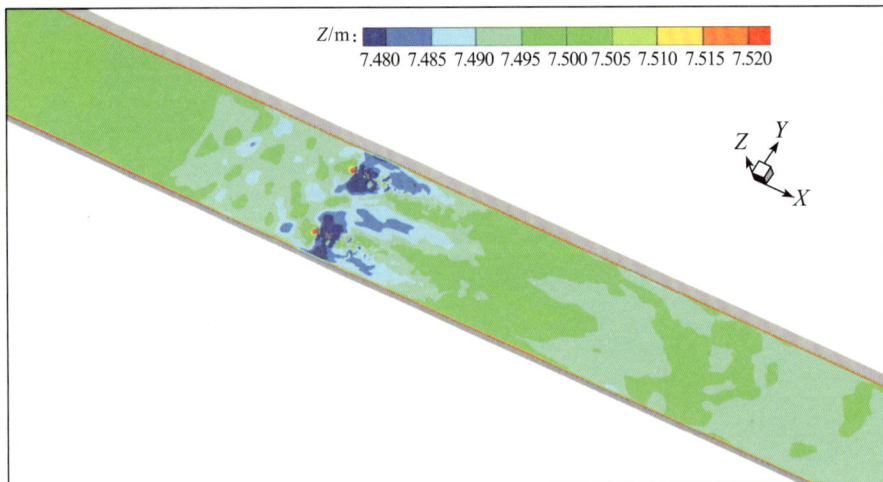

图 4.4-6　双柱—跨径 30m 桥墩布置方案的渠道水位分布

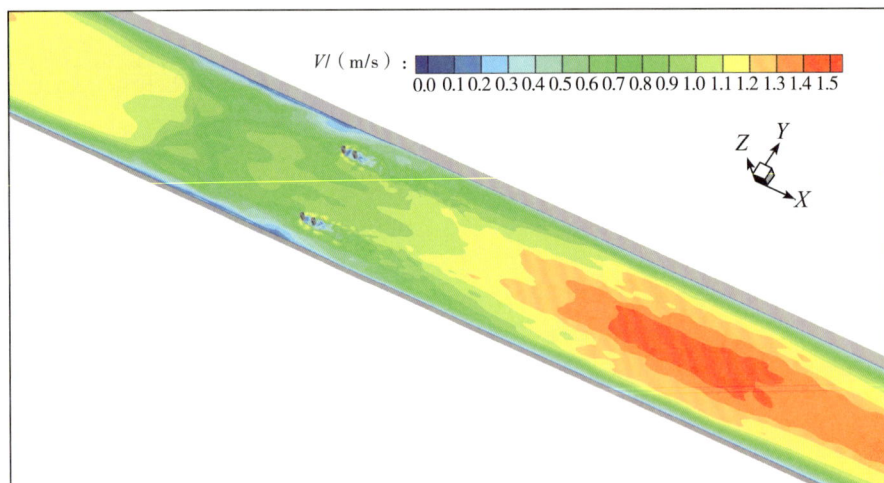

图 4.4-7　双柱—跨径 30m 桥墩布置方案的渠道流速分布

3）双柱—跨径 35m 桥墩布置方案

双柱—跨径 35m 桥墩布置方案是在双柱—跨径 30m 桥墩布置方案的基础上,将渠道两侧桥墩跨径增大为 35m,如图 4.4-8 所示。

渠道沿线流速和水位分布分别如图 4.4-9、图 4.4-10 所示。计算结果表明,随着跨径增大,同等墩柱数量条件下,桥墩阻水和绕流情况有所减弱。经计算,该方案由桥墩阻水增加的渠段水头损失为 0.3cm。

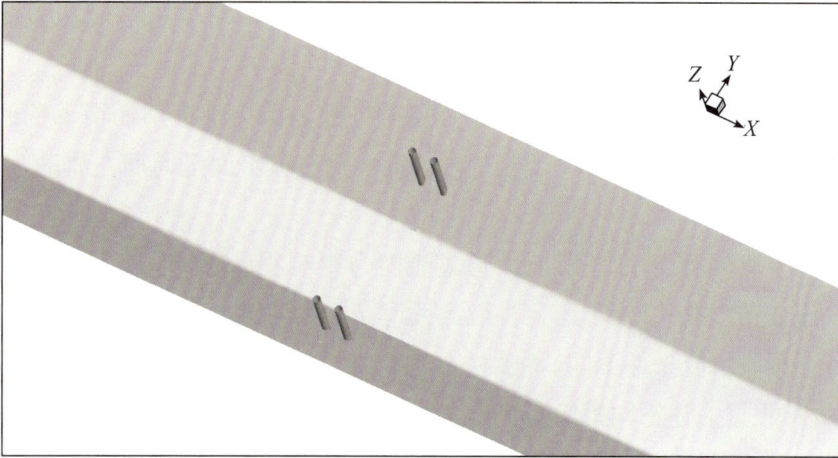

图 4.4-8　双柱—跨径 35m 桥墩布置

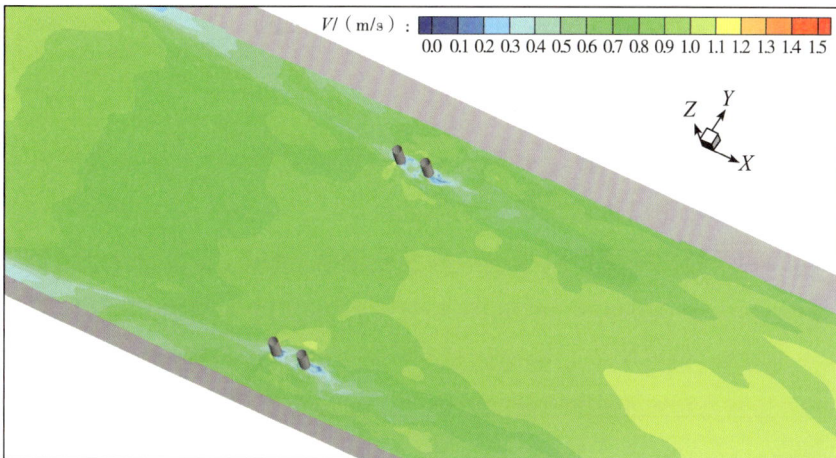

图 4.4-9　局部渠段流速分布

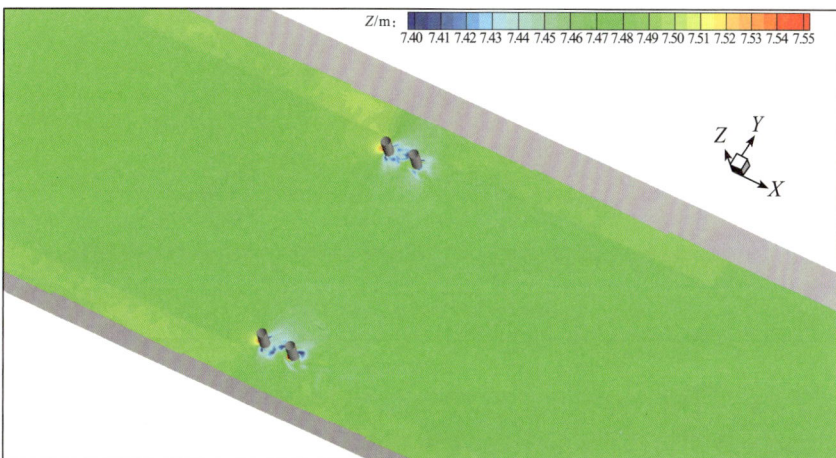

图 4.4-10　局部渠段水位分布

根据桥墩墩柱数量、桥墩跨径等影响因素分析,桥墩对渠道过流能力影响分析如下:

①总干渠在一定输水条件下,跨渠公路桥桥墩下游出现卡门涡街现象的流速分布和水面波动,在桥墩上下游一定范围内渠道两侧边坡水面呈周期性波动,造成水头损失增加。

②不同桥墩数量、桥墩跨径对渠道过流能力影响程度不同。双桥墩比单桥墩对绕流和水面波动影响大;较小跨径桥墩比大跨径桥墩的阻水作用显著。

③各个渠段水流条件不同,桥墩柱在各个渠段的影响不能简单推广。针对本研究典型渠段,根据上述不同桥墩布置方案对渠道水头损失增加值情况,推算各种跨渠公路桥对渠道的累积水头损失,得到渠段跨渠公路桥和跨渠渠道共 23 处墩柱累计水头损失为 9.9cm。

4.4.2 输水建筑物水面波动对过流能力的影响研究

选取编号 7 的渠段为研究对象,通过数值模拟手段研究输水能力制约因素影响。7 号渠段内输水建筑物从上游至下游依次为白河倒虹吸、白条河渠道倒虹吸和东赵河倒虹吸。本研究针对白条河渠道倒虹吸进行。

计算范围起点为白条河倒虹吸进口渐变段上游 500m,终点为白条河倒虹吸出口渐变段下游 500m,全长共 1263m,如图 4.4-11 所示。计算网格划分时,单元网格大小为 0.05~1.00m,倒虹吸出口隔墩附近采用较小网格进行局部加密。

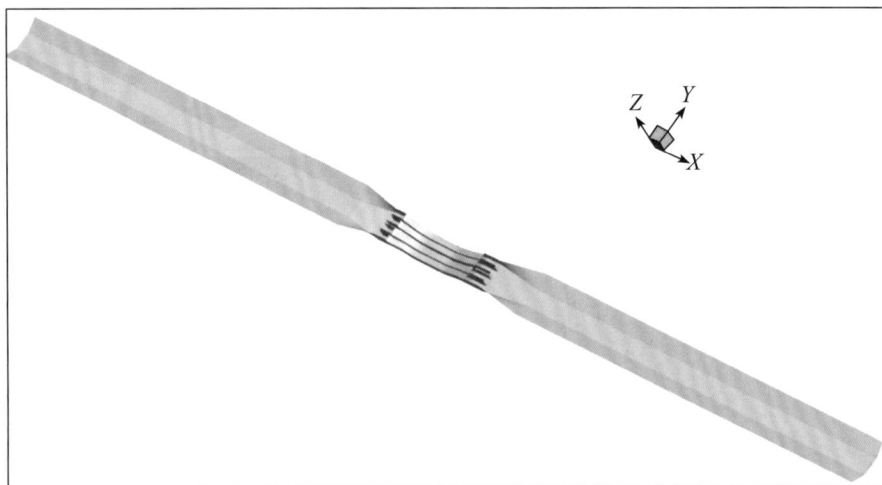

图 4.4-11 白条河倒虹吸计算范围

白条河倒虹吸出口段瞬时水位和流速分布分别如图 4.4-12、图 4.4-13 所示,倒虹吸各孔出口和明渠段水位波动过程分别如图 4.4-14、图 4.4-15 所示。根据计算结果分析可知：

①倒虹吸建筑物出口受隔墩绕流影响，各孔倒虹吸出口明渠段水位周期性交替波动，并由隔墩尾部向上游传播。各孔波动周期相同，波动周期均为 11.5s；主流分布大体一致，但不同时刻大小交替变化。中间两孔倒虹吸出口渠道水位波动幅度较大，为 0.7m，两侧边孔倒虹吸出口渠道波动幅度较小，为 0.4m。

②倒虹吸进出口渐变段内水位和流速波动明显，并分别向上、下游明渠段沿程传播，两侧边坡水位波动较为显著。

③在设计输水流量和水位条件下，白条河倒虹吸水头损失，即倒虹吸进口渐变段起始断面与出口渐变段末端水头差平均值，约为 10cm。

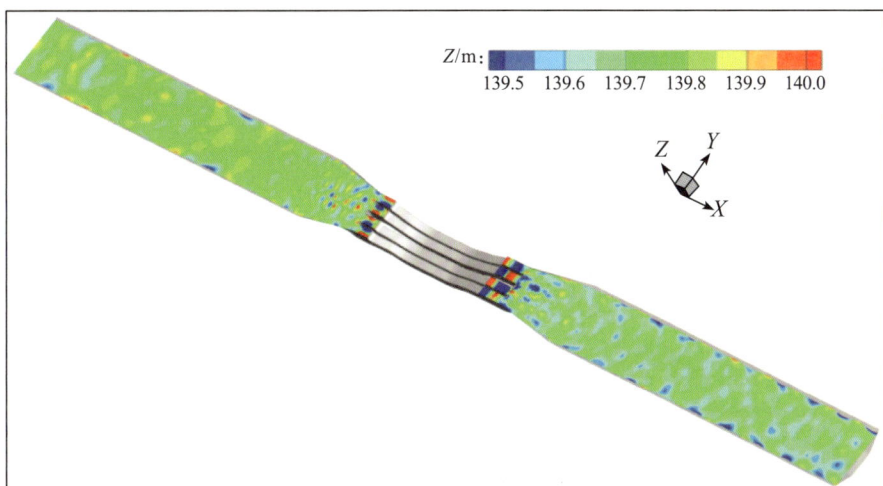

图 4.4-12　白条河倒虹吸局部渠段瞬时水位分布

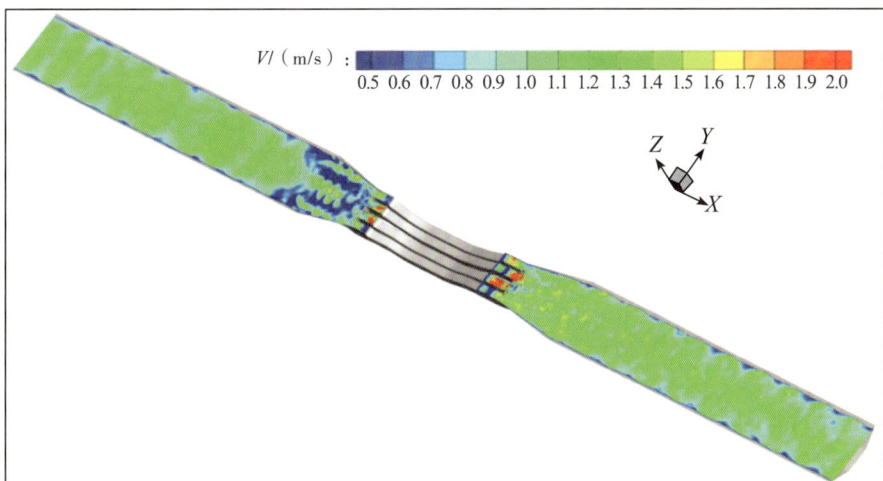

图 4.4-13　白条河倒虹吸局部渠段瞬时流速分布

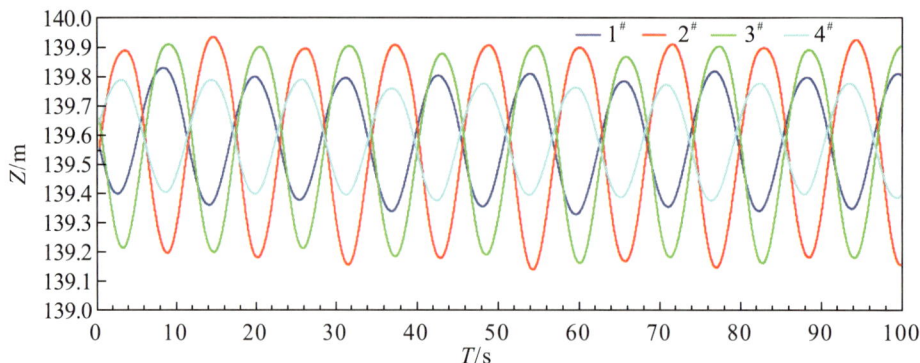

图 4.4-14　白条河倒虹吸各孔出口明渠段水位波动过程

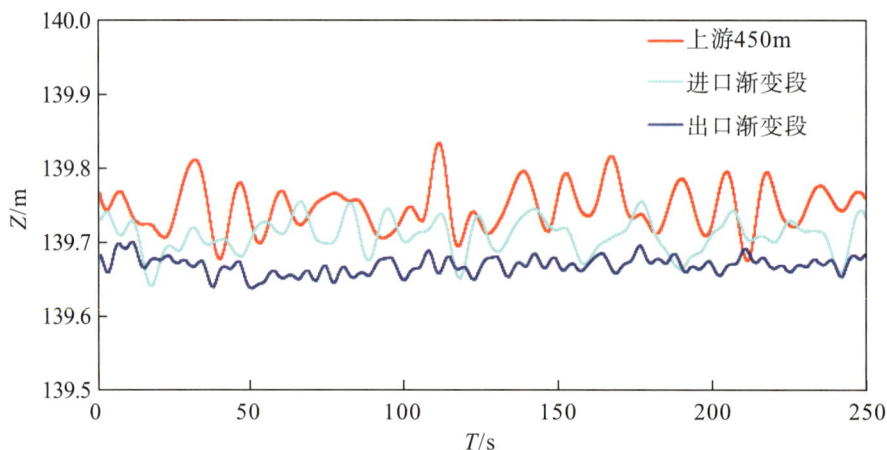

图 4.4-15　明渠段各测点水位波动过程

4.5　工程输水能力提升改造的实践探索

4.5.1　渠道内桥墩柱改造的作用效果分析

2020 年 6 月 11 日至 9 月 28 日,中线工程管理单位选取大流量输水期间壅水情况最为严重、桥墩最为密集的编号 19 渠段作为试验段(桩号 K371＋824～K385＋057),研究桥墩柱改造对渠道过流能力提升的作用效果。

19 号渠段总长 13.23km,渠段内阻水的桥墩柱共有 17 座。渠段设计流量 305m³/s,加大流量 365m³/s。渠道边坡 1∶2～1∶3.5,底宽 15.0～23.5m,纵坡 1/24000～1/26000。渠道设计水深 7.000m,加大水深 7.548～7.643m。

选取了 5 座典型桥梁进行改造试点。5 座公路桥柱径 1.5～1.8m,单排阻水桥柱数覆盖 1 柱、2 柱、4 柱、10 柱共 4 种,代表了试验段内大部分主流桥梁的布置。桥墩柱改造情况如图 4.5-1 所示。

图 4.5-1　编号 19 渠段桥墩柱改造情况

基于 2019—2023 年水情监测数据,挑选相对稳定的输水工况,计算渠段渠道综合糙率,分析桥墩柱阻水影响,如表 4.5-1 所示。

表 4.5-1　　　　　　　　　　编号 19 渠段的渠道综合糙率结果

时间	上游端流量/(m³/s)	下游端水位/m	综合糙率
2019.9.22 0:00—9.28 4:00	252.22	122.64	0.0184
2020.4.1 0:00—4.2 8:00	280.26	122.74	0.0168
2021.4.9 6:00—4.13 4:00	254.91	122.70	0.0150
2022.4.1 0:00—4.2 8:00	288.90	122.97	0.0148
2023.3.6 22:00—3.7 22:00	181.90	122.73	0.0150

从表 4.5-1 计算结果来看,桥墩柱改造前,渠道综合糙率均值为 0.0176,高于设计值。2020 年 9 月完成桥墩柱形态改造后,渠道综合糙率降低至 0.015 左右。这表明密集分布的桥墩柱在一定输水流量条件下,产生卡门涡街现象后,会增加渠段渠道综合糙率。通过桥墩柱形态改造,消除卡门涡街后,可起到提升渠道过流能力的作用。

4.5.2　渡槽进出口形态改造的作用效果分析

渡槽出口墩尾水流急剧绕流形成的卡门涡街现象,是导致渡槽内水位异常波动的根源。通过修建导流墩消除卡门涡街现象是主要的工程措施之一。

2021 年,南水北调中线工程管理单位以澧河渡槽为典型建筑物,实施进出口导流墩改造。澧河渡槽为双槽布置,设计流量为 320m³/s,加大流量为 380m³/s。设计水位进口处为 134.59m,出口处为 134.12m,设计流量下可利用水头为 0.47m;加大水位进口处为 135.35m,出口处为 134.83m,加大流量下可利用水头为 0.52m。澧河渡槽在改造前,当流量超过 331m³/s 时(出口水位 134.74m)出现漫槽情况,输水效率受到较大影响。

澧河渡槽改造实施方案如下:渡槽出口布置 30m 长的导流墩,进口布置(10+1)m 长的三角形混凝土导流墩,如图 4.5-2 所示。2021 年 4 月 1 日至 6 月 3 日,渡槽出口完成改造安装;5 月 10 日至 7 月 30 日,渡槽进口完成改造安装。

图 4.5-2　澧河渡槽导流墩改造示意图

分析澧河渡槽改造前后的进出口水位、流量观测结果,测算水头损失。

(1)改造前(2020 年 5 月 17 日 10 时至 5 月 18 日 10 时)

渡槽闸门提离水面后,过闸流量相对较稳定时,流量均值为 342.36m³/s。通过水尺观测渡槽进口水位 135.18m,出口水位 134.68m,建筑物占用水头 0.50m。通过水面线推算加大流量下,建筑物占用水头比设计值偏大 0.20m;建筑物过流能力约为其设计流量。

(2)改造后(2021 年 8 月 27 日 16 时至 8 月 28 日 16 时)

渡槽闸门提离水面后,过闸流量相对较稳定时,流量均值为 298.23m³/s。通过水尺观测渡槽进口水位 134.75m,出口水位 134.49m,建筑物占用水头 0.26m。通过水面线推算加大流量下,建筑物占用水头不超过设计值;建筑物过流能力可达到其加大流量。

(3)改造后(2022 年 6 月 3 日 16 时至 6 月 4 日 16 时)

渡槽闸门提离水面后,过闸流量相对较稳定时,流量均值为 314.27m³/s。通过水尺观测渡槽进口水位 134.67m,出口水位 134.39m,建筑物占用水头 0.28m。根据水面线计算反算得到,澧河渡槽建筑物糙率为 0.014。通过水面线推算加大流量下,建筑物占用水头不超过设计值；建筑物过流能力可达到其加大流量。

通过输水建筑物进出口形态改造前后的过流能力对比分析说明，在建筑物进出口安装导流墩，抑制卡门涡街现象，改善渡槽整体流态，可提高建筑物过流能力。

4.6 小结

以南水北调中线一期工程为研究对象，聚焦总干渠输水能力局部受限的实践问题，通过现场试验、数值仿真等手段，分别计算了渠道综合糙率和输水建筑物水头损失变化情况，分析了渠道和输水建筑物过流能力变化的影响因素，给出了工程局部输水能力提升改造的实践探索。主要研究结论如下：

①根据南水北调中线工程 2020—2022 年水情监测数据，筛选输水状态稳定、合理可靠的水位及流量数据，采用恒定非均匀流原理，率定了全线 60 个渠段渠道综合糙率，分析沿线 157 座输水建筑物水头损失情况。经复核，部分渠道综合糙率存在超过原设计值的情况，约占 70%；输水建筑物总体耗用水头不超过设计值，个别建筑物实际耗用水头损失大于设计值，共 15 座，包括倒虹吸、渡槽和暗涵。

②渠道综合糙率增加和输水建筑物水头损失增加，均会导致总干渠局部输水能力降低。中线总干渠基本不存在淤积问题。渠道综合糙率增加的主要因素包括渠道内桥墩柱密集，在大流量输水条件下局部形成卡门涡街现象，造成输水损失增加，渠道衬砌板破损导致局部过水断面粗糙程度增加等；输水建筑物水头损失增加的主要因素包括建筑物进出口在大流量输水期间局部流态异常、水面剧烈波动，建筑物表面存在贝类附着现象等。

③总干渠输水能力提升措施包括局部渠顶加高、增大输水断面、降低渠道综合糙率、减小输水建筑物水头损失、优化调度等。数值仿真和工程实践表明，通过桥墩柱体型改造，可改善水流条件，提升渠道过流能力；当衬砌破损程度严重时，采取衬砌板修复可在一定程度上提升渠道过流能力；渡槽建筑物可采用流态调整措施，推荐采用隔墩形态改造方案，能够有效削弱原圆形墩尾形状情况下水面规律性晃动现象，降低建筑物水头损失。

④对于渠道综合糙率显著增加的渠段和水头损失偏大的输水建筑物，还应开展不同流量条件下的补充观测；同时结合先进探测手段，对过流能力降低的典型卡口部位开展水下观测，明确对输水能力制约作用和形成原因，深入指导工程全线输水能力的提升。

5 结论与展望

5.1 结论

引调水工程输水能力是保障工程效益充分发挥的基础。大型无压引调水工程通常由渠道、渡槽、无压隧洞等组成，不同输水建筑物之间通常以过渡段形式连接。过渡段形态不合理可能造成局部过流能力不足，限制整个工程输水能力。本书以工程实践问题为导向，从水动力性能机理出发，研究了工程输水能力提升改造的途径。

首先研究了马蹄形无压隧洞均匀流流速分布和紊动特性，提出了适用于具有半圆形顶拱的曲形断面明渠均匀流模拟的改进雷诺应力模型。然后针对无压隧洞进口过渡段过流能力不足的问题，研究比较了隧洞进口过渡段不同的形态条件、导流设施条件的水动力性能，提出了隧洞进口过渡段均缓收缩的设计方式，并应用于新疆 YE 工程输水能力提升改造；针对渠道、渡槽等开敞式渠段过流能力不足的问题，以南水北调中线一期工程为例，研究了渠道综合糙率变化和输水建筑物水头损失变化的影响因素，结合工程局部改造实践，探究了输水能力的提升路径。主要研究成果与结论如下：

①提出一种适用于具有半圆形顶拱的曲形断面明渠均匀流模拟的改进雷诺应力模型，应用于马蹄形、圆形无压隧洞均匀流模拟。

该模型考虑了曲形明渠中，水面附近紊动能重分布比例与矩形明渠中不同的现象，在现有雷诺输运方程的水面反射项中引入与充满度 h/D 相关的折减系数，并修正了水面边界条件中紊动能耗散率表达式参数的取值。与具有不同尺寸及壁面粗糙度的圆形明渠和马蹄形无压隧洞试验结果对比表明，改进的雷诺应力模型可以很好地模拟出最大流速位于水面以下的现象和断面内二次流形态，尤其在高充满度情况下，对水面附近流速分布的模拟，相比未经修正的雷诺应力模型具有更好的适用性。

②以马蹄形隧洞作为典型曲形过流断面，利用模型试验和改进的雷诺应力模型数值模拟，系统研究了均匀流水动力性能和阻力规律。

在水面及内凹形侧壁作用下，断面内存在由紊动各向异性驱动的二次流，二次流形态由一对主涡组成,当充满度不超过 60% 时,水面与侧壁交界处还存在一对内部涡。二次流流速虽然很小,仅为断面最大流速的 0.02~0.04,但对流速分布及紊动特性有不容忽视的影响。

a. 在流速分布方面,二次流主涡将侧壁附近低流速水体向中部输运,将水面附近流速较大水体输运至水面以下,使得当充满度不小于 50% 时,断面最大流速位于水面以下,为相对水深 0.5~0.6 处;当充满度小于 50% 时,由于主涡存在范围及强度有限,最大流速仍位于水面表面。流速分布沿横向上受侧壁抑制作用,越靠近侧壁的流速越低。若没有内部涡作用,越靠近侧壁,水面附近流速减小现象越显著,流速垂向梯度大;若存在内部涡作用,流速垂向梯度减小,流速垂向分布更均匀。

b. 在紊动性能方面,二次流将带来紊动能重分布作用,纵向和横向紊动强度相应增加。当充满度不小于 50% 时,纵向、横向紊动强度随垂向位置上升先减小再增加;当充满度小于 50% 时,纵向紊动强度随垂向位置上升一直减小,横向紊动强度仍呈先减小再增加的趋势。纵向和横向紊动强度的垂向分布可由二次多项式表达,式中参数随垂线位置不同而不同。断面中垂线处纵向紊动强度最小值出现在相对水深 0.5~0.8 范围,充满度越大,其位置越低,且与纵向最大流速位置的变化趋势相同。

根据水动力性能研究结果,在野外观测工程过流能力时,若采用单点法测流量,宜将测点布置于过流断面中垂线上相对水深为 0.15~0.2;若采用表面流速法测量,当充满度小于 50% 时,表面流速系数可认为等于传统经验值 0.85,当充满度不小于 50% 时,表面流速系数随充满度增加而增大,平均值为 0.91。同时,由于曲形断面底部切应力非均匀分布,边角处切应力约为底部平均切应力的 1.2 倍,从过水断面平整度维护出发,应加强底部边壁壁面的冲刷防护工作。

③分析了隧洞进口过渡段的水动力性能和阻力规律,包括收缩过渡段内二次流形态特征、纵向流速分布、紊动强度分布及局部水头损失规律。

隧洞进口收缩段内存在纵向涡的拉伸作用,二次流作用增强,二次流速沿程增加,且方向指向渠底、断面中部方向,导致收缩段内断面最大流速位于水面以下,且最大流速位置沿程降低,纵向流速沿横向分布更均匀。收缩段内纵向紊动强度沿程降低,且收缩越剧烈,降幅越大;可通过涡的拉伸机制解释,在满足快速扭曲条件下,可利用线性扭曲理论计算。水流流出收缩段后,有逐渐恢复均匀的趋势,最大流速位置逐渐升高至均匀流水平。剧烈收缩时,隧洞内水流恢复均匀流所需长度比均缓收缩时所需长度长。

隧洞进口过渡段局部损失规律需根据水深大小分情况讨论。当水深很小时,过渡段局部水头损失主要受底坡变化影响;当水深较大时,局部水头损失主要受侧壁收缩影响。局部水头损失随水面收缩角和弗劳德数增加均呈先减小再增加的规律。局部水头损失系数可以表示成收缩段前后过流面积比和底部高程差的多项式函数。

④隧洞进口附近水面变化规律与收缩段形式有关。分析比较了隧洞进口过渡段剧烈收缩和均缓收缩时的水动力性能差异,比较了不同收缩形式对输水能力的影响,用于指导 YE 工程输水能力提升改造实践。

剧烈收缩时,水流向断面中部集中,伴随强烈紊动作用,断面中部水面呈跃起式增加,过渡段及隧洞进口附近水面波动大,水流沿横向分布不均;隧洞进口附近的断面中部水面附近有一对涡漩出现,对紊动强度影响贯穿于整个水深范围,导致局部水头损失更大。均缓收缩时,水面平稳,沿横向分布均匀,无水面壅高现象出现;水面附近没有涡漩产生。

将研究成果应用于 YE 工程输水能力提升改造。YE 工程两座马蹄形隧洞进口过渡段剧烈收缩,隧洞进口附近水位壅高,设计工况下运行时的进口超高低于安全规范要求值,限制了整个渠道的输水能力。在过渡段布置导流板可以改善局部水流形态,使单宽动量横向分布均匀,但对提高输水能力作用小;延长过渡段,使过渡段均缓收缩后,过渡段内水面平稳,洞内水面波动减弱,隧洞进口超高增加,可在设计工况下安全运行,较改进前输水能力提高了 14%。

⑤南水北调中线一期工程实践研究表明,明渠输水工程长期运行后,渠道综合糙率和输水建筑物水头损失可能与设计值存在一定差异,导致工程输水能力变化。

渠道综合糙率增加的可能因素有渠道衬砌条件变化、桥墩柱阻水影响、工程条件变化导致渠道过水断面变化等。当衬砌破损程度严重时,会造成渠道综合糙率增加,采取衬砌板修复可在一定程度上提升渠道过流能力。渠道内桥墩柱密集,在一定输水条件下局部形成卡门涡街,造成输水损失增加。通过桥墩柱体型合理化改造,可提升渠道过流能力。

输水建筑物水头损失增加的主要因素有局部水流流态紊乱、沿程贝类附着等。可通过建筑物进出口隔墩柱体型改造,改善水流过流条件,消除水面异常波动,提升输水能力。当输水建筑物表面存在贝类大量附着时,结合同类工程调研表明,通过贝类清除等手段,可提升建筑物过流能力。

5.2 展望

(1)面向输水能力的引调水工程优化设计研究

1)过渡段形态设计

本书以均缓收缩和剧烈收缩为代表,研究了两种不同收缩程度过渡段对其下游纵向流速及紊动强度分布影响。未来可进一步研究建立多个具有不同收缩角和扩散角的过渡段模型,根据过渡段下游水流恢复均匀流所需长度,提出最佳过渡段方式,为工程优化设计提供理论指导。

2)渠道综合糙率取值设计

本书研究已表明,明渠输水工程沿线渠道综合糙率是动态变化的,且存在分段差异。未来可选取多个典型引调水工程,系统性开展输水能力的现场试验量测,提出考虑工程运维经济性的渠道综合糙率合理取值,为大型无压引调水工程设计提供参考。

(2)引调水工程输水能力提升措施研究

大型无压引调水工程长时期运行后,考虑经济社会发展水平等外部条件变化,输水能力可能无法满足供水保障要求。应研究揭示工程输水能力卡口段位置、成因、影响程度及累积效应,提出工程输水能力风险评估及能力挖潜的通用理论方法,系统性提出工程输水能力提升的措施方案及相应的运行控制设施改(扩)建方案,为工程长久发挥效益提供保障。

(3)引调水工程输水能力提升后的调度方案研究

大型无压引调水工程实施输水能力提升措施后,工程原调度运行方式可能发生变化。为提高工程输水利用效率,应重新系统开展调度运行方法研究,提出输水工程与受水区调蓄水库水量均衡调度方案,提出输水工程正常运行调度方案和事故应急调度预案,支撑工程安全高效运行。

参考文献

[1] Absi R. An ordinary differential equation for velocity distribution and dip-phenomenon in open channel flows[J]. Journal of Hydraulic Research,2011,49(1):82-89.

[2] Akers B, Bokhove O. Hydraulic Flow through a Contraction:Multiple Steady States[J]. Physics of Fluids,2008,20(5):056601.

[3] Anaashari A, Akhtari A A, Dehghani A A, et al. Effect of Inflow Froude Number on Flow Pattern in Channel-Expansive Transitions[J]. Journal of Irrigation and Drainage Engineering,2015,142(1):1-5.

[4] Anaashari A, Akhtari A A, Dehghani A A, et al. Experimental and numerical investigation of the flow field in the gradual transition of rectangular to trapezoidal open channels[J]. Engineering Applications of Computational Fluid Mechanics,2016,10(1):273-283.

[5] Anogiannakis N, Bekoulis B, Retsnis E, et al. Local Velocities in Water Flows within Rough or Smooth Boundary Circular Open Channels[J]. International Journal of Engineering Sciences,2013,2(7):278-284.

[6] Arcement G J, Schneider R, USFH Administration. Guide for selecting Manning's roughness coefficients for natural channels and floodplains[R]. Roughness Coefficient,1989.

[7] Ashour M A, Aly T E, Mostafa M M. An investigation concerning the effect of canal contraction that may be needed in the location of constructing some irrigation works[J]. Annals of Valahia University of Targoviste. Geographical Series,2016,16(2):5-12.

[8] Auel C, Albayrak I, Boes R M. Turbulence Characteristics in Supercritical

Open Channel Flows：Effects of Froude Number and Aspect Ratio[J]. Journal of Hydraulic Engineering,2014,140(4):381-396.

[9] Aydin I. Nonlinear Mixing Length Model for Prediction of Secondary Currents in Uniform Channel Flows[J]. Journal of Hydraulic Engineering,2009,135(2):146-153.

[10] Bai Jing，Fang Hongwei，Stoesser T. Transport and deposition of fine sediment in open channels with different aspect ratios[J]. Earth Surface Processes and Landforms,2013,38(6):591-600.

[11] Balen W，Blanckaert K，Uijttewaal W S J. Analysis of the role of turbulence in curved open-channel flow at different water depths by means of experiments,LES and RANS[J]. Journal of Turbulence,2010,11(12):1-34.

[12] Batchelor G K,Proudman I. The effect of rapid distortion of a fluid in turbulent motion[J]. Quarterly Journal of Mechanics and Applied Mathematics,1952,7(1):83-103.

[13] Bechle A J，Wu C H. An entropy-based surface velocity method or estuarine discharge measurement[J]. Water Resources Research, 2014, 50（7）:6106-6128.

[14] Berlamont J E,Trouw K,Luyckx G. Shear Stress Distribution in Partially Filled Pipes[J]. Journal of Hydraulic Engineering,2003,129(9):697-705.

[15] Blair T J. Stage discharge estimation using a 1D river hydraulic model and spatially-variable roughness[D]. Vancouver:University of British Columbia,2009.

[16] Blanckaert K，Duarte A，Schleiss A J. Influence of shllowness, bank inclination and roughness on the variability of flow patterns and boundary shear stress due to secondary currents in straight open-channels[J]. Advances in Water Resources,2010,33(9):1062-1074.

[17] Bonakdri H,Moazamnia M. Modeling of Velocity Fields by the Entropy Concept in Narrow Open Channels[J]. KSCE Journal of Civil Engineering,2015,19(3):779-789.

[18] Booij R. Measurements and large eddy simulations of the flows in some curved flumes[J]. Journal of Turbulence,2003,4(4):1-8.

[19] Borovkov V S,Pankratov S A,Pankratova N L. Maximum capacity of

circular free-flow tunnels[J]. Power Technology and Engineering, 1989, 23(2): 96-98.

[20] Braca G. Stage discharge relationships in open channels: Practices and problems[M]. FORALPS Technical Report. Italy, 2008.

[21] Cardoso A H, Graf W H, Gust G. Uniform flow in a smooth open channel[J]. Journal of Hydraulic Research, 1989, 27(5): 603-616.

[22] Cardoso A H, Graf W H, Gust G. Steady gradually accelerating flow in a smooth open channel[J]. Journal of Hydraulic Research, 1991, 29(4): 525-543.

[23] Celik I, Rodi W. Simulation of free-surface effects in turbulent channel flows[J]. Pch Physicochemical Hydrodynamics, 1984, 5(3): 217-227.

[24] Chang W Y, Constantinescu G, Tsai W F, et al. Coherent structure dynamics and sediment erosion mechanisms around an in-stream rectangular cylinder at low and moderate angles of attack[J]. Water Resources Research, 2011, 47(12): 12532.

[25] Chen Y C, Chiu C L. An efficient method of discharge measurement in tidal streams[J]. Journal of Hydrology, 2002, 265(1-4): 212-224.

[26] Cheng Niansheng, Nguyen H T, Zhao Kuifeng, et al. Evaluation of flow resistance in smooth rectangular open channels with modified Prandtl friction law[J]. Journal of Hydraulic Engineering, 2011, 137(4): 441-450.

[27] Chiu C L, Chiou J D. Structure of 3-D Flow in Rectangular Open Channels[J]. Journal of Hydraulic Engineering, 1986, 112(11): 1050-1068.

[28] Chiu C L. Entropy and Probability Concepts in Hydraulics[J]. Journal of Hydraulic Engineering, 1987, 113(5): 583-599.

[29] Chiu C L. Entropy and 2-D velocity distribution in open channels[J]. Journal of Hydraulic Engineering, 1988, 114(7): 738-756.

[30] Chiu C L. Velocity distribution in open channel flow[J]. Journal of Hydraulic Engineering, 1989, 115(5): 576-594.

[31] Chiu C L. Application of entropy concept in open-channel flow study[J]. Journal of Hydraulic Engineering, 1991, 117(5): 615-628.

[32] Chow V T. Open-Channel Hydraulics[M]. New York: McGraw-Hill, 1959.

[33] Chow V T. Handbook of Applied Hydrology[M]. US Geological Survey, 1964.

[34] Christensen B, Fredsoe J. Bed shear stress distribution in straight channels

with arbitrary cross section. Progress Report 77. Department of Hydrodynamics and Water Resources[R]. TU Denmark,Lyngby,1998.

[35] Clark S P,Kehler N. Turbulent flow characteristics in circular corrugated culverts at mild slopes[J]. Journal of Hydraulic Research,2011,49(5):676-684.

[36] Clark P,Toews J S,Tkach R. Beyond average velocity:modelling velocity distributions in partially filled culverts to support fish passage guidelines[J]. International Journal of River Basin Management,2014,12(2):101-110.

[37] Coleman N L. Velocity Profile with Suspended Sediment[J]. Journal of Hydraulic Research,1981,19(3):211-229.

[38] Coleman N L. Effect of suspended sediment on the Open-Channel Velocity Distribution[J]. Water Resources Research,1986,22(10):1377-1384.

[39] Coles D. The Law of the Wake in the Turbulent Boundary Layer[J]. Journal of Fluid Mechanics,1956,1(2):191-226.

[40] Cokljat D. Turbulence models for non-circular ducts and channels[D]. London:Department of Civil Engineering,City University London,1993.

[41] Cokljat D,Younis B A. Second-order closure study of open-channel flows[J]. Journal of Hydraulic Engineering,1995,121(2):94-107.

[42] Costa J E,Spicer K R,Cheng R T,et al. Measuring stream discharge by non-contact methods: A proof-of-concept experiment [J]. Geophysical Research Letters,2000,27(4):553-556.

[43] Coz J L, Hauet A, Pierrefeu G, et al. Performance of image-based velocimetry(LSPIV)applied to flash-flood discharge measurements in Mediterranean rivers[J]. Journal of Hydrology,2010,394(1-2):42-52.

[44] Cui H J, Singh V P. Two-dimensional velocity distribution in open channels using the Tsallis Entropy[J]. Journal of Hydrologic Engineering,2013,18(3):331-339.

[45] Czernuszenko W,Rylov A. Modeling of three-dimensional velocity field in open channel flows[J]. Journal of Hydraulic Research,2002,40(2):135-143.

[46] Datta I,Debnath K. Volume of Fluid Model of Open Channel Contraction[J]. Journal of the Institution of Engineers(India):Series C. 2014,95(3):251-259.

[47] Dey S,Raikar R V. Scour in Long Contractions[J]. Journal of Hydraulic

Engineering,2005,131(12):1036-1049.

［48］ Dingman S L, Sharma K P. Statistical development and validation of discharge equations for natural channels[J]. Journal of Hydrology,1997,199:13-15.

［49］ Dong Zengnan, Ding Yuan. Turbulence characteristics in smooth open channel flow[J]. Science in China(Series A),1990,33(2):118-130.

［50］ Dramais G, Coz J L, Camenen B, et al. Advantages of a mobile LSPIV method for measuring flood discharges and improving stage-discharge curves[J]. Journal of Hydro-environment Research,2011,5(4):301-312.

［51］ Dunbar S R. The average Distance between Points in Geometric Figures[J]. The College Mathematics Journal,1997,28(3):187-197.

［52］ Ead S A, Rajaratnam N, Katopodis C. Turbulent open-channel flow in circular corrugated culverts[J]. Journal of Hydraulic Engineering,2000,126(10):750-757.

［53］ Egger J. Two dimensional shallow water flow through a valley[J]. Meteorologische Zeitschrift,2004,13(1):39-47.

［54］ Einstein H A, Li H. Secondary currents in straight channels[J]. Transactions American Geophysical Union,1958,39(6):1085-1088.

［55］ EI-Shewey M I A,Joshi S G. A study of turbulence characteristics in open channel transitions a function of Froude and Reynolds numbers using Laser technique[J]. Transactions on Engineering Sciences,1996,9:363-372.

［56］ Elimov V I,Rabkova E K. Kinematic characteristics of flows in transition sections of unlined canals[J]. Hydrotechnical Construction,1989,23(23):356-359.

［57］ Enfinger K L,Schutzbach J S. Scattergraph principles and practice:Camp's Varying Roughness Coefficient Applied to Regressive Methods. Pipeline Division Specialty Conference,2005:72-83.

［58］ Escurra J. Field Calibration of the Float Method in Open Channels [D]. Utah:Utah State University,2004.

［59］ Fluent Incorporation. Fluent user's guide[Z]. Lebanon:NH,2006.

［60］ Genc. O, Ardiclioglu. M, Agiralioglu. N. Calculation of mean velocity and discharge using water surface velocity in small streams. Flow Measurement and Instrumentation ,2015.

[61] Grega L M, Wei T, Leighton R I, et al. Turbulent mixed-boundary flow in a corner formed by a solid wall and a free surface[J]. Journal of Fluid Mechanics, 1995, 294: 17-46.

[62] Gonzalez J A, Melching C S, Oberg K A. Analysis of open-channel velocity measurements collected with acoustic Doppler current profiler[C]. 1st International Conference on New Emerging Concepts for Rivers. Chicaco, USA, 1996.

[63] Guo J K. Modified log-wake-law for smooth rectangular open channel flow[J]. Journal of Hydraulic Research, 2014, 52(1): 121-128.

[64] Guo J K, Mohebbi A, Zhai Y, et al. Turbulent velocity distribution with dip phenomenon in conic open channels[J]. Journal of Hydraulic Research, 2014, 53(1): 73-82.

[65] Hager W H. Wastewater hydraulics: Theory and practice[M]. New York: Springer, 2010.

[66] Healy D, Hicks F E. Index velocity methods for winter discharge measurement [J]. Canadian Journal of Civil Engineering, 2004, 31(3): 407-419.

[67] Heggen R J. Choke angle in supercritical contractions. Journal of Hydraulic Engineering, 1988, 114(4): 441-444.

[68] Henderson F M. Open channel flow[M]. New York: McMillan Book Company, 1966.

[69] Hoohlo C. A Numerical and Experimental Study of Open-Channel Flow in a Pipe of Circular Cross-Section with a Flat Bed [D]. Newcastle: University of Newcastle, 1994.

[70] Hsu M H, Teng W H, Lai C. Numerical simulation of supercritical shock wave in channel contraction[J]. Computer & Fluids, 1998, 27(3): 347-365.

[71] Hunt J C R. Turbulence structure and turbulent diffusion near gas-liquid interfaces[J]. Gas Transfer at Water Surfaces, 1984: 67-82.

[72] Imamoto H, Ishigaki T. Measurement of secondary flow in an open channel[C]. 6th IAHR APD Congress, 1988: 513-520.

[73] Jarrett R D. Determination of roughness coefficients for streams in Colorado[M]. US Geology Survey: Water-Resouces Investigations Report, 1985.

[74] Jomba J, Theuri D M, Wenda E M, et al. Modeling fluid flow in open

channel with hoeseshoe cross-section[J]. International Journal of Engineering and Applied Sciences,2015,7(2):21-26.

[75] Jiang Yuling,Li Bin,Chen Jie. Analysis of the Velocity Distribution in Partially-Filled Circular Pipe Employing the Principle of Maximum Entropy[J]. Plos One,2016,11(3).

[76] Kang H,Choi S U. Reynolds stress modeling of rectangular open-channel flow[J]. International Journal forNumerical Methods in Fluids, 2006, 51 (11): 1319-1334.

[77] Kang S,Sotiropoulos F. Assessing the predictive capabilities of isotropic, eddy viscosity Reynolds-averaged turbulence models in a natural-like meandering channel[J]. Water Resources Research,2012,48(6):06505.

[78] Kashyap S,Constantinescu G,Rennie C D,et al. Influence of Channel Aspect Ratio and Curvature on Flow,Secondary Circulation,and Bed Shear Stress in a Rectangular Channel Bend[J]. Journal of Hydraulic Engineering,2012,138(12): 1045-1059.

[79] Kazemipour A K,Apelt C J. Shape effect on resistance to uniform flow in open channels[J]. Journal of Hydraulic Research,1979,17(2):129-147.

[80] Kazemipour A K,Apelt C J. Resistance to Flow in Irregular Channels[R]. University of Queensland, Department of Civil Engineering, Research report No. CE7. 1980.

[81] Keane R D,Adrian R J. Theory of cross-correlation analysis of PIV images[J]. Applied scientific research,1992,49(3):191-215.

[82] Kehler N J. Hydraulic Characteristics of Fully Developed Flow in Circular Culverts [D]. Winnipeg:University of Manitoba,2009.

[83] Kim S G,Sung J Y,Lee M H. Turbulence Characteristics in a Circular Open Channel by PIV Measurements[J]. Journal of the Korean Society of Marine Engineering,2011,35(7):930-937.

[84] Kirkgoz M S. Turbulent Velocity Profiles for Smooth and Rough Open Channel Flow[J]. Journal of Hydraulic Engineering,1989,115(11):1543-1561.

[85] Kirkgoz M S,Ardichoglu M. Velocity profiles of developing and developed open channel flow[J]. Jouranl of Hydraulic Engineering,1997,123(12):1099-1105.

［86］ Kironoto B A,Graf W H. Turbulence characteristics in rough uniform open-channel flow［J］. Proceedings of the Institution of Civil Engineers Water Maritime & Energy,1994,106(4):333-344.

［87］ Kleijwegt R A. On sediment transport in circular sewers with non-cohesive deposits［D］. Delft:Technische Universiteit Delft,1992.

［88］ Knight D W,Demetriou J D,Hamed M E. Boundary shear in smooth rectangular channels［J］. Journal of Hydraulic Engineering,1984,110(4):405-422.

［89］ Knight D W,Sterling M. Boundary shear in circular pipes running partially full［J］. Journal of Hydraulic Engineering,2000,126(4):263-275.

［90］ Komori S,Ueda H,Ogino F,et al. Turbulence structure and transport mechanism at the free surface in an open channel flow［J］. International Journal of Heat and Mass Transfer,1982,25(4):513-521.

［91］ Kundu S,Ghoshal K. An Analytical Model for Velocity Distribution and Dip-Phenomenon in Uniform Open Channel Flows［J］. International Journal of Fluid Mechanics Research,2012,39(5):381-395.

［92］ Lakshminarayana P,Sarma K V N,Rao N S L. Dip in vertical profiles of flows in rectangular open channels［C］. Proceedings of 13th National Conference on FMFP,Tiruchirapalli,1984:113-117.

［93］ Launder B E,Reece J G,Rodi W. Progress in the development of a Reynolds stress turbulence closure［J］. Journal of Fluid Mechanics,1975,68(3):537-566.

［94］ Lee J S,Julien P Y. Electromagnetic wave surface velocimetry［J］. Journal of Hydraulic Engineering,2006,132(2):46-153.

［95］ Liao Huasheng,Knight D W. Analytical Stage-Discharge Formulas for Flow in Straight Prismatic Channels［J］. Journal of Hydraulic Engineering,2007,133(10):1111-1122.

［96］ Li Wei,Chen Wenxue,Xie Shengzong. Numerical simulation of stress-induced secondary flows with hybrid finite analytic method［J］. Journal of Hydrodynamics,2002,14(4):24-30.

［97］ Lindner G A,Miller A J. Numerical Modeling of Stage-Discharge Relationships in Urban Streams［J］. Journal of Hydrologic Engineering,2012,17(4):

590-596.

［98］ Luo H，Singh V P. Entropy theory for two-dimensional velocity distribution［J］. Journal of Hydrologic Engineering，2011，16（4）：303-315.

［99］ Maghrebi M F. Application of the single point measurement in discharge estimation［J］. Advances in Water Resources，2006，29（10）：1504-1514.

［100］ Maghrebi M F，Ball J E. New Method for Estimation of Discharge［J］. Journal of Hydraulic Engineering，2006，132（10）：1044-1051.

［101］ Magura C R. Hydraulic Characteristics of Embeded Circular Culverts ［D］. Winnipeg：University of Manitoba，2007.

［102］ Marjang N. Calculated surface velocity coefficients for prismatic open channels by three-dimensional hydraulic modeling. Utah：Utah State University，2008.

［103］ Marini G，Martino G D，Fontana N，et al. Entropy approach for 2-D velocity distribution in open-channel flow［J］. Journal of Hydraulic Research，2011，49 （6）：784-790.

［104］ Mohanta A M，Khatua K K，Patra K C. Flow Modeling in Symmetrically Narrowing Flood Plains［J］. Aquatic Procedia，2015，4：826-833.

［105］ Mohebbi A. Turbulent circular culvert flow：implications to fish passage design ［D］. Nebraska：University of Nebraska，2014.

［106］ Nakagawa H，Nezu I，Ueda H. Turbulence of open channel flow over smooth and rough beds［J］. Proceedings of the Japan Society of Civil Engineers，1975，241（241）：155-168.

［107］ Nalluri C，Novak P. Turbulence characteristics in a smooth open channel of circular cross-section［J］. Journal of Hydraulic Research，1973，11（4）：343-368.

［108］ Nam N V，Archambeau P，Dewals B，et al. Local Head-Loss Coefficient at the Rectangular Transition from a Free-surface Channel to a Conduit［J］. Journal of Hydraulic Engineering，2013，139（12）：1318-1323.

［109］ Naot D，Rodi W. Caculation of secondary currents in channel flow［J］. Journal of the Hyraulics Division，1982，108（8）：948-968.

［110］ Nasser N N. An Experimental Investigation of Flow Energy Losses in Open-Channel Expansions ［D］. Montreal：Concordia University，2011.

［111］ Negishi D，Nihei Y，Katayama N，et al. Accuracy of velocity and discharge measurements by using radio current meter［J］. Journal of Japan Society of Civil Engineers Ser B1，2014，70(4)：625-630.

［112］ Negm A M，Elfiky M M，Attia M I，et al. Energy loss due to sudden contraction through transition length in sloped open channels［C］. Proceedings of 7th Alazhar Engineering International Conference，Cairo，Egypt，2003.

［113］ Negm A M，Elfiky M M，Attia M I，et al. Protection length downstream of sudden transition for incoming subcritical flow［C］. 1st International Conference of Civil Engineering Science，2003.

［114］ Nezu I. Open-channel Flow Turbulence and its Research Prospect in the 21st Century［J］. Journal of Hydraulic Engineering，2005，131(4)：229-246.

［115］ Nezu I，Nakagawa H. Cellular secondary currents in straight conduit［J］. Journal of Hydraulic Engineering，1984，110(2)：173-193.

［116］ Nezu I，Nakagawa H. Turbulence in open channel flows［M］. Rotterdam：Balkema A A，1993.

［117］ Nezu I，Rodi W. Experimental study on secondary currents in open channel flow［C］. 21st IAHR Congress，Melbourn，1985：19-23.

［118］ Nezu I，Rodi W. Open-channel flow measurements with a laser Doppler anemometer［J］. Journal of Hydraulic Engineering，1986，112(5)：335-355.

［119］ Papanicolaou A N，Hilldale R. Turbulence Characteristics in Gradual Channel Transition［J］. Journal of Engineering Mechanics，2002，128(9)：948-960.

［120］ Papanicolaou A N. Aspects of Secondary Flow in Open Channels：A Critical Literature Review ［ J ］. Gravel-bed rivers：Processes，tools，environments，2012.

［121］ Peakall J，Warburton J. Surface tension in small hydraulic river models-the significance of the Weber number［J］. Journal of Hydrology New Zealand，1996，35(2)：199-212.

［122］ Pelletier P M. Uncertainties in the single determination of river discharge：a literature review［J］. Canadian Journal of Civil Engineering，1988，15(5)：834-850.

［123］ Perkins H J. The formation of streamwise vorticity in turbulent flow［J］.

Journal of Fluid Mechanics,1970,44(4):721-740.

[124] Pope S B. Turbulent Flows[M]. Cambridge: Cambridge University Press,2001.

[125] Rahman M M,Siikonen T. Computations of turbulent flow characteristics in two-dimensional contraction with a new ASM[J]. Far East Journal of Applied Mathematics,2004,17(3):243-276.

[126] Ramjee V,Narayanan M A B,Narasimha R. Effect of Contraction on Turbulent Channel Flow[J]. Journal of Applied Mathematics and Physics,1972,23(1):105-114.

[127] Reinauer R,Hager W H. Supercritical flow in chute contraction[J]. Journal of Hydraulic Engineering,1998,124(1):55-64.

[128] Replogle J A,Chow V T. Tractive force distribution in open channels[J]. Journal of the Hydraulic Division,1966,92(2):169-191.

[129] Richmond MC,Deng Z Q,Guensch G R,et al. Mean flow and turbulence characteristics of a full-scale spiral corrugated culvert with implications for fish passage[J]. Ecological Engineering,2007,30(4):333-340.

[130] Riggs H C. A simplified slope-area method for estimating flood discharges in natural channels[J]. Journal Research US Geology Survey,1976,4(3):285-291.

[131] Schliching H. Boundary layer theory[M]. New York:McGraw-Hill,1968.

[132] Schmidt A R,Yen B C. Theoretical Development of Stage-Discharge Ratings for Subcritical Open-Channel Flow[J]. Journal of Hydraulic Engineering,2008,134(9):1245-1256.

[133] Seckin G,Ardiclioglu M,Cagatay H,et al. Experimental investigation of kinetic energy and momentum correction coefficients in open channels[J]. Scientific Research and Essay,2009,4(5):473-478.

[134] Shi J,Thomas T G,Williams J J R. Large-eddy simulation of flow in a rectangular open channel[J]. Journal of Hydraulic Research,1999,37(3):345-361.

[135] Shiono K,Feng T. Turbulence Measurements of Dye Concentration and Effects of Secondary Flow on Distribution in Open Channel Flow[J]. Journal of Hydraulic Engineering,2003,129(5):373-384.

［136］ Smith C D, Yu J N G. Use of baffles in open channel expansions［J］. Journal of the Hydraulics Division, 1966, 92(HY2):1-17.

［137］ Song T, Chiew Y M. Turbulence measurement in nonuniform open-channel flow using acoustic Doppler velocimeter(ADV)［J］. Journal of Engineering Mechanics, 2001, 127(3):219-232.

［138］ Stearns F P. A reason why the maximum velocity of water flowing in open channels is below the surface［J］. Transactions of the American Society of Civil Engineering, 1883, 7(1):301-338.

［139］ Sterling M. A studyof boundary shear stress, flow resistance and the free overfall in open channels with a circular cross-section ［D］. Birmingham: University of Birmingham, 1998.

［140］ Stockstill R L. Hydraulic Design of channels conveying supercritical Flow ［R］. US Army Engineer Research and Development Center Vicksburg MS coastal and hydraulics laboratory, Technical Report ERDC/CHLTR-06-5, 2006.

［141］ Sturm T W, King D. Shape effects on flow resistance in horseshoe conduits［J］. Journal of Hydraulic Engineering, 1988, 114(11):1416-1429.

［142］ Swamee P K, Basak B C. Comprehensive Open-Channel Expansion Transition Design［J］. Journal of Irrigation and Drainage Engineering, 1993, 119(1):1-17.

［143］ Swamee P K, Basak B C. Design of Open-Channel-Contraction Transitions［J］. Journal of Irrigation and Drainage Engineering, 1994, 120(3):660-668.

［144］ Tamari S F, Garcia J I, Ambrocio A, et al. Testing a handheld radar to measure water velocity at the surface of channels［J］. La Houille Blanche, 2014(3):30-36.

［145］ Terzi R A. Hydrometric field manual-measurement of streamflow［J］. Environment Canada, Inland Waters Directorate, Water Resources Branch, 1981.

［146］ Toews J S. Modeling the Hydraulic Characteristics of Fully Developed Flow in Corrugated Steel Culverts ［D］. Winnipeg: University of Manitoba, 2012.

［147］ Tokyay N D, Altansakarya A B. Local energy losses at positive and negative steps in subcritical open channel flows［J］. Water SA, 2011, 37(2):237-244.

［148］ Tominaga A, Nezu I, Ezaki K, et al. Three-dimensional turbulent structure in straight open channel flows[J]. Journal of Hydraulic Research,1989,27(1):149-172.

[149] Uberoi M S. Effect of Wind Tunnel Contraction on Free-stream Turbulence[J]. Journal of Aeronautical Sciences,1956,23(8):754-764.

[150] Ubing C. Baffle-post structures for flow and bed-sediment control in open channels [D]. Colorado:Colorado State University,2015.

[151] USBR. Water measurement manual[M]. United States Department of Interior:Bureau of Reclamation,1984.

[152] Verezemskii V G. Computation of the free surface of turbulent flow in a contraction[J]. Power Technology and Engineering,1968,2(9):798-802.

[153] Wang Xiekang,Yi Zijing,Yan Xufeng,et al. Experimental study of the flow structure of decelerating and accelerating flows under a gradually varying flume[J]. Journal of Hydrodynamics,2015,27(3):340-349.

[154] Weibrecht V,Kuhn G,Jirka G H. Large scale PIV-measurement at the surface of shallow water flows[J]. Flow Measurement and Instrumentation,2002,13 (5-6):237-245.

[155] Welber M,Coz J L,Laronne J B,et al. Field assessment of noncontact stream gauging using portable surface velocity radars(SVR)[J]. Water Resources Research,2016,52(2):1108-1126.

[156] Wilson CAME,Bates P D,Hervouet J M. Comparison of turbulence models for stage-discharge rating curve prediction in reach-scale compound channel flows using two-dimensional finite element methods[J]. Journal of Hydrology,2002, 257(1-4):42-58.

[157] Xie Q. Turbulent Flows in Non-Uniform Open Channels-Experimental Measurement and Numerical Modeling[D]. Queensland:the University of Queensland, 1998.

[158] Yakhot V,Orszag S A. Renormalization group analysis of turbulence. I. Basic theory[J]. Journal of Scientific Computing,1986,1(1):3-51.

[159] Yang Shuqing, Tan S K, Lim S Y. Velocity Distribution and Dip-Phenomenon in Smooth Uniform Open Channel Flows[J]. Journal of Hydraulic Engineering,2004,130(12):1179-1186.

[160] Yang Shuqing, Xu Weiling, Yu Guoliang. Velocity distribution in a

gradually accelerating free surface flow[J]. Advances in Water Resources,2006,29(12):1969-1980.

[161] Yaziji H M. Open-channel contractions for subcritical flow [D]. Arizonam:The Univeristy of Arizonam,1968.

[162] Yen B C. On establishing uniform channel flow with tail gate[J]. Proceedings of the Institution of Civil Engineers Water and Maritime Engineering,2003,156(3):281-283.

[163] Yoon J,Sung J,Lee M H. Velocity profiles and friction coefficients in circular open channels[J]. Journal of Hydraulic Research,2012,50(3):304-311.

[164] Younis B A. Boundary layer calculations with Reynolds stress turbulence models[D]. Report FS/82/25,London:University of London,1982.

[165] 陈启刚. 基于高频 PIV 的明渠湍流涡结构研究[D]. 北京:清华大学,2014.

[166] 陈槐,李丹勋,陈启刚,等. 明渠恒定均匀流试验中尾门的影响范围[J]. 实验流体力学,2013,27(4):12-16.

[167] 陈文学,崔巍,何胜男,等. 输水系统糙率率定方法研究[J]. 水利水电技术,2019,50(8):116-121.

[168] 陈晓楠,白一墨,胡羽蝶,等. 南水北调中线工程输水建筑物整流累积效应研究[J]. 水利水电科技进展,2024,44(2):61-65+98.

[169] 翟渊军. 南水北调中线工程总干渠渠道渐变段局部水头损失计算方法研究[J]. 灌溉排水学报,2007,26(4):20-22.

[170] 方红卫,何国建,郑邦民. 水沙输移数学模型[M]. 北京:科学出版社,2015.

[171] 高媛媛,姚建文,陈桂芳,等. 我国调水工程的现状与展望[J]. 中国水利,2018(4):49-51.

[172] 郭振仁. 明渠流能量耗散率沿程分布初探[J]. 泥沙研究,1990(3):79-86.

[173] 何建京. 明渠非均匀流糙率系数及水力特性研究[D]. 南京:河海大学,2003.

[174] 何君,郦建强,李云玲,等. 新形势下科学推进我国调水工程规划建设的若干思考[J]. 中国水利,2023(22):49-53.

[175] 贺益英,赵懿珺,孙淑卿,等. 输水管线中弯管局部阻力的相邻影响[J]. 水

利学报,2004(2):17-20.

[176] 胡春宏.矩形明渠宽深比和边壁糙率对流速分布和阻力系数的影响[D].北京:清华大学,1985.

[177] 胡云进,陈国伟,部会彩.明渠规则断面流量测量方法研究[J].水文,2009,29(5):39-41.

[178] 基谢列夫.水力计算手册[M].陈肇和,译.北京:电力工业出版社,1957.

[179] 科津,霍耀东.无压均匀流时特殊断面引水隧洞的计算[J].中国农村水利水电,1981(3):52-58.

[180] 孔祥柏,吴家麟.水槽试验中水面横比降的测量[J].水利水运工程学报,1982(2):103-106.

[181] 李鹤.新疆克拉玛依西干渠 4# 输水隧洞进口改建方案[J].水科学与工程技术,2016(4):83-85.

[182] 李立群,陈晓楠,陈文学.南水北调中线典型输水建筑物表面降糙防护探析[J].中国农村水利水电,2022(12):143-147＋153.

[183] 李协生.引水隧洞中渐变段水头损失计算问题的探讨[J].四川水力发电,1999(1):59-65.

[184] 李玉柱,贺五洲.工程流体力学.上册[M].北京:清华大学出版社,2006.

[185] 李自立,王才军,李永辉.基于超高频雷达的流量测量算法研究:以长江武汉段为例[J].武汉大学学报(理学版),2013,59(3):242-244.

[186] 林斌良,Shiono K.矩形明渠三维紊流的数值模拟[J].水利学报,1994(3):47-56.

[187] 刘韩生,倪汉根.急流冲击波简化法[J].水利学报,1999(6):56-60.

[188] 卢明龙,陈晓楠,刘高雄,等.槽身长度对南水北调中线工程典型渡槽水位波动现象的影响研究[J].中国农村水利水电,2023(9):110-114.

[189] 卢明龙,崔巍,陈文学,等.大型明渠调水工程输水建筑物水头损失测算[J].水电能源科学,2023,41(10):108-110.

[190] 毛世民.局部摩阻的相互影响与水力优化设计[J].安徽水利科技,1989(3):17-26.

[191] 门玉丽,夏军,叶爱中.水位流量关系曲线的理论求解研究[J].水文,2009,29(1):1-4.

[192] 潘志权,李冬平.东深供水工程明槽溢流原因分析及处理决策[J].科技创

新导报,2009(21):78-79+82.

[193] 屈志刚,李政鹏.输水渡槽水位异常波动原因分析与改善措施研究:以南水北调中线工程澧河渡槽为例[J].人民长江,2022,53(4):189-194.

[194] 石欣轩.利用表面流速量测推估矩形断面流量之研究[D].台湾:台湾大学,2012.

[195] 水工设计手册:第2版:第2卷:规划、水文、地质[M].北京:中国水利水电出版社,2014.

[196] 孙东坡,王二平,董志慧,等.矩形断面明渠流速分布的研究及应用[J].水动力学研究与进展,2004,19(2):144-151.

[197] 谭维炎.明渠一维不恒定流计算程序包MYBC[J].水利学报,1982(1):3-13.

[198] 陶文栓.数值传热学:2版[M].西安:西安交通大学出版社,2001.

[199] 卫小丽,章少辉,白美健.灌区明渠糙率及其计算方法[J].节水灌溉,2021(12):14-20.

[200] 吴永妍,刘昭伟,陈永灿,等.梯形明渠—马蹄形隧洞过渡段流动形态与局部水头损失研究[J].水力发电学报,2016,35(1):46-55.

[201] 吴永妍,陈晓楠,陈根发,等.新形势下南水北调中线工程智慧调度的研究框架思考[J].中国水利,2024(4):67-72+21.

[202] 夏永旭,石平.公路隧道扩(缩)径风道局部损失数值模拟[J].中国公路学报,2006,19(6):83-86.

[203] 小艾森布雷,海斯.小型渠道建筑物设计[M].沈之良,何成旒,译.北京:水利电力出版社,1987.

[204] 徐梦珍.南水北调中线干线工程总干渠淡水壳菜生态风险防控研究[R].北京:清华大学,2019.

[205] 徐自立,花立峰,卢军.引洮总干渠明流过流能力研究[J].人民长江,2009,40(11):83-85.

[206] 杨泽.非满管超声波流量计测量研究[D].浙江:浙江大学,2015.

[207] 杨岑.明渠均匀流糙率系数及紊动特性试验研究[D].杨凌:西北农林科技大学,2010.

[208] 翟渊军.南水北调中线工程总干渠渠道渐变段局部水头损失计算方法研究[J].灌溉排水学报,2007,26(4):20-22.

[209] 张弘. SVR 在中小河流水文巡测中的应用[J]. 水与水技术. 2016(6): 33-36.

[210] 张利达. 大扩散角过渡段明渠水流水力特性及控导方法[D]. 郑州:华北水利水电大学,2013.

[211] 张永青,周义仁. 基于五点法的矩形渠道流量自动检测系统[J]. 中国农村水利水电,2014(5):115-117.

[212] 张志恒. 无压隧洞进出口连接段的水力设计[J]. 陕西水利,1991(4): 34-40.

[213] 中华人民共和国水利部. 调水工程设计导则:SL/T 430-2024[S]. 北京:中国水利水电出版社,2024.

[214] 周建银. 弯曲河道水流结构及河道演变模拟方法的改进和应用[D]. 北京:清华大学,2015.

[215] 朱德军,陈永灿,刘昭伟. 大型复杂河网一维动态水流—水质数值模型[J]. 水力发电学报,2012,31(3):83-87.